"十二五"国家重点图书出版规划项目：**光通信技术丛书**

光网络
管理与维护

曾军 王峰 陈仑 等◎编著 毛谦◎主审

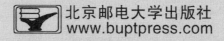

北京邮电大学出版社
www.buptpress.com

内 容 简 介

本书全面地介绍了光网络的管理和维护,首先介绍了光网络管理的概念、主要的管理模型、不同级网络管理间的北向接口和南向接口、网络管理的关键技术;然后结合实例详细介绍了光网络管理系统的实现、光网络的日常维护;最后结合光网络管理的发展,探索智能化光网络管理实现。

本书内容新颖、概念清晰、系统性和实用性强。既可供通信、计算机、有线电视三个领域中关心光网络管理的技术人员或技术管理人员参考,也可作为理工院校通信工程、电子信息工程等专业课教材。

图书在版编目(CIP)数据

光网络管理与维护 / 曾军等编著 . -- 北京 : 北京邮电大学出版社,2015.8
ISBN 978-7-5635-4426-4

Ⅰ. ①光… Ⅱ. ①曾… Ⅲ. ①光纤网—管理②光纤网—维修 Ⅳ. ①TN929.11

中国版本图书馆 CIP 数据核字 (2015) 第 171524 号

书　　　名:光网络管理与维护
著作责任者:曾　军　王　峰　陈　仑　等编著
责 任 编 辑:刘春棠　刘　佳
出 版 发 行:北京邮电大学出版社
社　　　址:北京市海淀区西土城路 10 号(邮编:100876)
发 行 部:电话:010-62282185　传真:010-62283578
E-mail:publish@bupt.edu.cn
经　　　销:各地新华书店
印　　　刷:北京鑫丰华彩印有限公司
开　　　本:787 mm×1 092 mm　1/16
印　　　张:11.75
字　　　数:273 千字
印　　　数:1—2 000
版　　　次:2015 年 8 月第 1 版　2015 年 8 月第 1 次印刷

ISBN 978-7-5635-4426-4　　　　　　　　　　　　　　　　定　价:25.00 元

序

现代意义上的光纤通信源于 1966 年,华人高锟(C. K. Kao)博士和霍克哈姆发表了《光频率介质纤维表面波导》论文,指出利用光纤进行信息传输的可能性,提出"通过原材料提纯制造长距离通信使用的低损耗光纤"的技术途径,奠定了光纤通信的理论基础,简单地说,只要解决好石英玻璃纯度和成分等问题,就能够利用石英玻璃制作光导纤维,从而高效传输信息。这项成果最终促使光纤通信系统问世,而正是光纤通信系统构成了宽带移动通信和高速互联网等现代网络运行的基础,为当今信息社会的发展铺平了道路。高锟因此被誉为"世界光纤之父"。在光纤通信高科技领域,还有众多的华人科学家作出了杰出的贡献,厉鼎毅是"波分复用之父",谢肇金发明"长波长半导体激光器件",金耀周最早提出了同步光网络(SONET)的概念等。

武汉邮电科学研究院则是我国的光纤通信研究的核心机构。1976 年,武汉邮电科学研究院在国内第一次选用改进的化学汽相沉积法(MCVD 法)进行试验,改制成功一台 MCVD 熔炼车床,在实验过程中克服了管路系统堵塞、石英棒中出现汽泡、变形等一系列的"拦路虎",终于熔炼出沉积厚度为 0.2~0.5 mm 的石英管,并烧结成石英棒。1977 年年初,研制出寿命仅为一小时的石英棒加热炉,拉制出中国第一根短波长(850 nm)阶跃型石英光纤(长度 17 m,衰耗 300 dB/km),取得了国内通信用光纤研制史上第一次技术突破。1981 年,武汉光纤通信技术公司在国内首先研制成功一批铟镓砷磷长波长光电器件,开启了长波长通信时代。1982 年 12 月 31 日,中国光纤通信第一个实用化系统——"82 工程"按期全线开通,正式进入武汉市市话网试用,从而标志着中国开始进入光纤通信时代。

最近,由武汉邮电科学研究院牵头承担的国家 973 项目"超高速超大容量超长距离光传输基础研究"项目在国内首次实现一根普通单模光纤中在 C+L 波段以 375 路,每路 267.27 Gbit/s 的超大容量超密集波分复用传输 80 千米,传输总容量达到 100.23 Tbit/s。相当于 12.01 亿对人在一根光纤上同时通话。对于我们日常应用而言,相当于在 80 千米的空间距离上,仅用 1 秒钟的时间,就可传输 4 000 部 25 G 大小、分辨率 1080P 蓝光超清电影。实现了我国光传输实验在容量这一重要技术指标上的巨大飞跃,助力我国迈入传输容量实验突破 100 Tbit/s 的全球前列,为超高速超密集波分复用超长距离传输的实用化奠定了技术基础,将为国家下一代网络建设提供必要的核心技术储备,也将为国家宽带战略、促进信息消费提供有力支撑。

经过四十多年的发展,武汉邮电科学研究院经国家批准为:"光纤通信技术和网络国家重点实验室""国家光纤通信技术工程研究中心""国家光电子工艺中心(武汉分部)""国家高新技术研究发展计划成果产业化基地""亚太电信联盟培训中心""国家工业和信息化部光通信产品质量监督检验中心"和创新型企业等。已形成覆盖光纤通信技术、数据通信技术、无线通信技术与智能化应用技术四大产业的发展格局,是目前全球唯一集光电器件、光纤光缆、光通信系统和网络于一体的通信高技术企业。为了进一步普及推广光纤通信技术的最新成果,武汉邮电科学研究院和北京邮电大学组织资深的工程师和培训师,组织编写了"十二五"国家重点图书——光通信技术丛书,包括了《光纤宽带接入技术》《ODN 网络工程》《分组传送网原理与技术》《光网络管理与维护》《OTN 原理与技术》《光纤材料与工艺》《光电子器件》等,力图涵盖光纤通信技术的各个层面。

　　本书面向通信技术和管理人员、工程人员、高等院校师生,力求具有学术性、工程性、应用性,同时具有较强的可读性。由于作者水平有限,时间仓促,书中谬误之处在所难免,恳请广大读者批评指正。

前　言

光网络是目前通信领域最活跃的领域之一。光通信从一开始是为传输基于电路交换的信息的,客户信号一般是时分复用的连续码流。随着数据信息的传输量越来越大,信号中基于分组交换,具有突发性的码流的比例逐步增加,使得光网络所承载的信号的种类和数量也越来越多,网络结构越来越复杂。

网络管理是指对网络的运行状态进行监测和控制,使之能够有效、可靠、安全、经济地提供服务。网络管理包含两个内容:一是对网络的运行状态进行监测,二是对网络的运行状态进行控制。通过监测了解状态是否正常,是否存在瓶颈和潜在的危机;通过控制对网络状态进行合理调节,提高性能,保证服务。监测是控制的前提条件,控制是监测的结果。从这个定义可以看出,网络管理具体地说就是网络的监测和控制。

本书从理论与实践相结合出发,一方面较为完整地介绍了通信网络管理的基本理论;另一方面也结合实例介绍光网络管理系统的实现以及光网络的维护。以期为广大读者了解和实施光网络管理提供一些参考。

本书共分为 8 章,第 1 章详细介绍了光网络的基础知识及发展,光网络管理基础知识,以及光网络管理的最新发展概述。第 2 章从网络管理体系结构、信息模型、通信模型等方面介绍了 OSI、SNMP、TMN 网络管理模型。第 3 章根据不同规模网络管理需要,介绍了网络管理北向接口、南向接口的主流技术,并结合实例分析了接口实现。第 4 章介绍了业务量控制、路由选择、网络自我保护、网络安全、深度报文检测等几种网络管理关键技术。第 5 章介绍网络管理的主要功能,包括配置管理、故障管理、性能管理和安全管理。第 6 章结合烽火通信 OTNM2000 网络管理系统,详细介绍了 PTN、WDM/OTN 几种主流光网络的管理实现。第 7 章介绍光网络维护应注意的问题,日常维护基本操作,并结合实际应用场景进行维护案例分析。第 8 章分析了新时期光网络管理维护需求,介绍了智能综合运维系统的实现,及主要的功能模块。

本书由曾军、王峰、陈仑等高级工程师组织、策划、统稿,其中王峰、陈竞阳完成了第 2、3 章的编写,陈仑完成了第 5、6、8 章的编写,何金龙、吴珊完成了第 1、4 章的编写,潘雨濛完成了第 7 章的编写,徐雷果、刘伟、陆文尧、朱清等也参与了本书的编写。

由于作者水平有限,时间仓促,书中谬误之处在所难免,恳请广大读者批评指正。

编者
武汉邮电科学研究院

目　　录

第 1 章
光网络管理概述

随着通信网络的不断发展,通信网络在当今社会中扮演着越来越重要的角色。当今网络规模正不断扩大,技术复杂性也在持续提高,再加上人们对通信网络服务质量的要求逐渐提高,使得通信网络技术不断面临新的挑战。在这样的背景下,通信网络管理显得尤为重要。只有使用更完善的网络管理技术和管理方案,才能高效地实现对通信网络性能的全面保障,并为用户提供高质量的通信服务。

光网络管理技术还处于高速发展中,各种新的技术正不断地充实着光网络管理领域,使其日臻完善。目前光网络管理主要发展方向是实现网络管理的综合化、标准化和智能化。

1.1　网络管理概述

通信网是用来实现信息交换和设备通信的网络,由多个相互独立、相互连接的节点设备组成。节点设备与连接各个节点设备之间的媒介构成了整个网络,网络则能向用户提供各种相应的业务。从信号类型的层面划分,包括模拟通信网络和数字通信网络;从传输方式划分,可分为有线网络、无线网络;从网络范围划分,可分为局域网(LAN)、城域网(MAN)、广域网(WAN)和因特网(Internet)等;从网络实际发挥的功能来划分,可分为:用户驻地网(驻留在用户侧的网络,由用户所有)、接入网(用于连接用户驻地网与核心网)、传输网(用于完成信号传输)、业务网(用于向公众提供业务)和支撑网(用于向其他网络提供辅助支持作用)。

随着通信网络的高速发展,通信网络在现代社会中扮演着越来越重要的角色。由于网络规模不断扩大,通信技术不断更新,人们需求的网络业务服务也日渐增多,通信网络无法避免地面临综合性的挑战。在这样的背景下,通信网络管理显得尤为重要。只有更先进的网络管理系统,才能为通信网络提供更高效快捷的保障,使之能正常运行,并向用户提供高效可靠的网络服务。

1.1.1　网络管理的重要性

网络管理是指对网络的运行状态进行监测和控制,使之能够有效、可靠、安全、经济地提供服务。网络管理包含两个内容:一是对网络的运行状态进行监测,二是对网络的运行状态进行控制。通过监测了解状态是否正常,是否存在瓶颈和潜在的危机;通过控制对网络状态进行合理调节,提高性能,保证服务。监测是控制的前提条件,控制是监测的结果。从这个定义可以看出,网络管理具体地说就是网络的监测和控制。

随着网络技术的高速发展,网络管理的重要性越来越突出。首先,网络设备的复杂化使网络管理变得复杂。网络设备复杂有两个含义:一是功能复杂,二是生产厂商多,产品规格大多不统一。这种复杂性使得网络管理无法用传统的手工方式完成,必须采用先进有效的手段;其次,网络的经济效益越来越依赖网络的有效管理;现代网络,尤其是光网络,已经成为一个极其庞大而复杂的系统,它的运营、管理、维护越来越需要科学的方法和技术手段。没有一个强力的网络管理系统作为支撑,就难以在网络中有效地疏通业务量,提高接通率,减少掉话率,避免诸如拥塞、故障等问题,使网络运营者在经济上受到损失,给用户带来麻烦。同时,现代网络在业务能力等方面具有很大的潜力,这种潜力也要靠有效的网络管理来挖掘;最后,先进可靠的网络管理也是用户所要求的。人们对网络的依赖越来越强,普通人通过网络打电话、发传真、发邮件,企业通过网络发布产品信息,获取商业情报,组建企业专用网。在这种情况下,用户很难容忍网络的故障,同时也要求网络具有很高的安全性,使通话内容不被泄漏、数据不被破坏、网络不被侵入、电子商务能够安全可靠地进行。

与现代网络的要求相比,网络管理在理论和技术上还需要进一步的发展和提高。网络技术高速发展,而网络管理在理论和技术上处于滞后状态,对于网络中的新问题缺少理论分析方法和模型,特别对于高速网络的监测和控制,实时性要求很严,传统的方法已经不能完全适应。在技术上,存在网络管理标准尚不完备,已经制定的标准不统一的问题。另外,网络管理系统的开发往往需要运用先进的软件技术以及昂贵的开发环境和条件,目前只有大的通信设备厂商以及少数科研单位能够承担,这对网络管理技术的发展也产生了限制。在技术人才方面也存在问题,从事网络管理的开发,不仅需要具有较多的网络通信专业知识、计算机软件知识,还需要网络管理的专门理论和技术。

1.1.2　网络管理的目标

网络管理便于实时了解网络运行情况,方便网络的维护并以提升网络效能,最大化地利用现有网络,具体来说,网络管理的目标主要有以下几点。

首先,网络应是有效的。网络要能准确即时地传递信息。人们打电话要能听清对方的谈话内容,能够辨认出对方的声音,要能以正常的速度讲话;传真则要求对方能看得清楚,要求与原件上的文字、图形、图像特征一致;通过网络观看视频,要求图像不要有过大的时延和抖动等。需要指出的是,这里所说的网络的有效性与通信的有效性意义不同。通信的有效性是指传递信息的效率,而这里所说的网络的有效性,是指网络的服务要可用,要有质量保证。

其次,网络应是可靠的。网络要能保证能够稳定地运转,不能时断时续,要对各种故障以及自然灾害有较强的抵御能力和有一定的自我保护能力。网络的中断会产生很大的经济损失,有时甚至会产生政治上、军事上的重大损失。但是我们也应当清楚,绝对可靠的网络是不存在的,网络的软硬件故障是不可避免的,同时自然灾害、人为破坏更是突发性的,往往难以预料。为了获得高度可靠的网络,需要增加大量的投资及维护力量。因此网络经营者需要在可靠性和成本之间权衡,以求得较好的经济效益。

第三,网络要有开放性。网络要能够容纳多厂商生产的设备,不同的网络要能够实现互联。这是现代网络技术进步快、生产厂商多、设备更新换代周期短这些特点所要求的。如果网络只能接受少数种类或厂商的设备,它的发展就会受到阻碍。因此国际标准化组织(ISO)在 20 世纪 70 年代就提出了开放式系统互联(OSI)的网络模型,并在此模型基础上提出了基于远程监控的系统管理模型。

第四,网络要有综合性。网络业务不能单一化,要由电信网、计算机网、广播电视网分立的状态向融合网络(Convergence)过渡,使不同的业务由统一的网络平台提供。网络的综合性,会给网络经营者带来更大的经济效益,同时也会给用户带来更大的方便,使人们的通信方式更加多样、更加自然、更加快捷。

第五,网络要具有较高的安全性。当代社会,随着人们对网络的依赖性增强,对网络安全性要求也越来越高。一般用户要求网络有较高的通话保密性,企业客户则要求计算机系统有安全保障,数据库的数据不能被非法访问和破坏,系统不被病毒入侵。有专网的客户则要求专网不被侵入。同时,还要防止和限制非法有害信息在网上传播。

最后,网络要有经济性。网络的经济性主要有两个方面:一是对网络经营者而言的经济性,二是对用户而言的经济性。对网络经营者来说,网络的建设、运营、维护等开支要小于业务收入。对用户来说,网络业务价格要合理,如果价格太高用户承受不起,或虽能承受得起但感到付出的费用超过了业务的价值,那么用户会拒绝应用这些业务,网络的经济性也无从谈起。

网络管理的根本目的就是满足运营者及用户对上述网络的有效性、可靠性、开放性、综合性、安全性和经济性的要求。按照网络管理系统的目的和性质,以及信息技术的发展状况,网络管理技术的研究对象主要包括两个方面。

基础理论:基础理论研究网络管理的体系结构和模型,主要包括网络管理的功能域、通信协议、信息模型和组织结构等问题。

工程应用:工程应用主要研究网络管理系统开发技术,其内容包括网络管理系统的网络结构、平台技术、计算机软件工程和开发技术、计算机网络信息系统集成,等等。另外,还要结合不同项目的需求,研究新技术在网络管理中的应用。

在通信领域,从网络管理系统的服务对象、性质和作用定位来看,网络管理技术可以看作是通信学科领域的一个分支。在通信领域,网络管理技术逐步确定了自己的地位,作为通信网的支撑系统,正发挥着越来越重要的作用。

从技术实现的角度来看,网络管理系统的技术基础就是计算机技术和通信技术,其中构成网络管理系统的主体成分是计算机软件,而网络管理系统开发和运行的基础环境则是计算机通信网络平台。

因此在专业特点上,从理论和模型研究方面较多地体现出通信技术的特征,围绕通信网络的需求来探讨网络管理的模型;而从工程应用方面,则较多地反映计算机信息系统的特征,基本上是按照信息系统工程的规律来设计和实现现代网络管理系统的。同时,网络管理系统又具备某些自动控制系统的特征。在一定程度上可以自动地完成对网络的控制,进行资源分配和处理。

总之,网络管理是一门综合性的跨学科的应用技术,涵盖了计算机信息技术、通信技术、人工智能技术、安全技术、自动控制技术、互联网技术等相关专业内容,同时也包括管理科学等相关方面的知识。

1.1.3 网络管理的标准化

网络管理系统的本质决定了网络管理系统更加关心与通信网各个设备的接口问题。通信网络高速发展的今天,通信系统市场日益庞大,很难被某一家或少数几家供应商所控制。多厂商、多设备种类的复杂性给网络管理带来了很大的困难和障碍。

这种由各类不同的系统和厂家设备构成的网络环境,称之为异构网络。异构网络就是综合意义上的通信网。异构网络下的现代网络管理出路就在于标准化。标准化是网络管理存在和发展的基本条件,是网络管理最终的归宿。目前研究网络管理标准和建议的组织主要有以下几个。

(1) 国际电气和电子工程师学会(Institute of Electrical and Electronics Engineers,IEEE)。

(2) 国际标准化组织(International Organization for Standardization,ISO)。

(3) 电信管理论坛(Telecommunication Management Forum,TMF)。

(4) 国际电信联盟电信标准化部门(International Telecommunication Union-Telecommunication Standardization Sector,ITU-T)。

(5) 因特网工程任务组(Internet Engineering Task Force,IETF)。

(6) 对象管理组(Object Management Group,OMG)。

(7) 网络管理论坛(Network Management Forum,NMF)。

尽管网络管理在许多方面都需要标准化,但最重要的标准应该是与连接有关的部分,即物理连接到各个层次的规范。由于可以借助于信息技术的已有成果,比如通信规范方面、计算机网络连接方面等,对于网络管理来说,可以将重点放在高层上,一般在 OSI 模型的应用层。相关的标准或约定成为网络管理协议。

协议在网络中是指同层实体之间相互通信的规范。网络管理协议则专指针对网络管理方面的协议。事实上网络管理协议规定了网络管理的逻辑模型,是网络管理技术的核心所在,反映了网络管理系统的内涵和机制。

1.2 网络管理的演变

网络管理的方式不是一成不变的,是随着网络的发展而变化的。早期以电话网为主的网络管理是采用人工方式进行的,网络设备构成和网络业务都比较简单,管理内容也相对简单。例如,业务流量的控制以及转接路由的选择由话务员来完成,不可能产生网络拥塞的现象,设备和线路故障也容易查找。自动交换机和网络出现以后,情况就发生了变化,即交换机和路由器等设备本身具有了一些网络管理功能,出现了人工与自动相结合的管理方式。但此时网络设备的管理功能还是很有限的,管理方式主要是以网络管理中心为主的集中方式。随着技术的进步和网络的高速发展,网络设备越来越复杂,也就要求网络设备自身要有较强的自我管理功能。由于网络设备具有了较强的网络管理功能,使得网络管理方式从以集中为主向以分散为主转变。为了能够管理整个网络,在网络之上又建立了管理网,使得网络管理系统在体系结构上更加合理。

1.2.1 网络管理模式的演变

通信网络管理的目的是对网络本身进行监视(Surveillance)和控制(Control)。监视就是通过信息采集、传输、存储、计算、显示等环节,对从通信网中获取的有关信息进行处理,以了解和掌握网络的运行情况。控制指的是通过由网络管理系统向通信网络发送指令的方法,改变网络的某些状态进而控制网络活动。

总的来说网络管理系统有以下 3 个模式。

1. 集中式网络管理模式

早期,通信网络的规模普遍较小,对管理功能的需求及网络管理信息的信息量较少,网络地理分布较集中,所以集中式的管理模式基本能够满足需求。该模式管理集中,有利于从全局的角度对被管网络进行管理。但是,这种方式的弊端也显而易见,比如,管理信息拥塞、管理过于模式化、整个网络的管理过分依赖于某些重要节点。所以,集中式的网络管理模式仅适用于小型局域网或者专网。

2. 分布式网络管理模式

随着通信网络各个方面的不断改进,通信网络的拓扑与管理信息日渐复杂,集中式网络管理模式显然无法应对如此复杂的网络,一方面整个网络管理系统的可靠性过分依赖于网络管理中心的可靠性,另一方面大量管理信息的集中发送容易使网络管理中心出入口出现信息瓶颈。分布式网络管理模式可以较好地应用于大规模网络管理。分布式网络管理将网络按照规定的方法分为若干个管理区域,每个管理区域由一个管理中心负责管理。

分布式管理将信息管理和智能判断分布到网络各处,为网络管理提供了可扩展性,降低了其复杂性。这样,管理功能就成功分布给了各个区域的管理中心,网络响应时间更快,性能更好,同时也能提供网络信息共享能力。如此一来,管理功能从高度集中变为了相对分散,各个网络管理系统之间相互协同工作,提高了效率也避免了管理信息的拥堵。

3. 分级分布式管理模式

为了克服集中式网络管理模式的弊端,同时增进各个网络管理中心间的协调统一、优化管理,对规模较大网络的管理出现了分级分布式模式,即将整个管理分成若干级别(一般不超过 4 级),下级在功能上分布,上级在功能上集中,从而实现网络管理的优化处理。

1.2.2 网络管理体系结构的演变

1. 基于功能的网络管理阶段

20 世纪 90 年代以前,网络管理标准化程度很低。在当时的网络规模下,基本的网络管理功能已经能够满足单个专业网络的正常运行,例如简单的配置管理、计费信息采集、计算和简单的故障管理等。

很显然,尽管基本网络管理功能已基本成型,但是由于缺乏统一的管理体系,网络管理显得较繁杂,难以避免出现以下弊端。

(1) 由于网络管理系统是针对具体的网络单独设计的,且缺乏统一的指导规范,导致网络管理系统只适用于某个特定的网络。若网络结构发生变化(例如扩容),则需要重新设计新的网络管理系统。这种情况的直接后果是运营商往往会同时负担多个网络管理系统的投资,成本难以收回。

(2) 各个网络管理系统实现时,相互独立,缺乏应有的联系,使网络管理系统间的管理信息交换共享显得非常困难,无法完成全局管理。

(3) 由于缺乏对网络管理系统设计的统一指导,网络管理系统所能提供的管理质量参差不齐,难以保证对大型网络的有效管理。

2. 基于结构的网络管理阶段

作为网络管理发展的里程碑,ITU-T 对电信管理网(Telecommunication Management Network,TMN)思想的提出,使网络管理进入了基于结构管理的阶段。

电信管理网是管理通信网的网络,它拥有完整的网络要素,即网络节点和节点之间的线路。TMN 的各个组成部分包括节点、线路、节点间的连接以及节点与线路的连接都被标准化,这为 TMN 各个实体间使用统一的管理信息模型和管理层协议进行信息的交互提供了有利条件。

作为拥有规范体系结构的网络管理系统,电信管理网能够很好地克服由于缺乏统一的管理体系所带来的一系列问题,使管理信息更加灵活规范地在被管对象与网络管理系统间进行传输。这为端到端的网络管理提供了一种较好的解决办法。

在网络管理的发展前期,通信网络的硬件系统技术不够先进。对于 TMN 这样实现技术较为复杂、对硬件系统要求较高的网络管理体系,当时的通信网设备难以承载。于是人们选择其他较为容易实现的方法(例如简单网络管理协议 SNMP)来实现通信网的管理。随着通信网络的发展,通信设备硬件承载网络管理软件和复杂接口协议的能力逐渐提高,同时,通信网络结构的日趋复杂导致诸如基于 SNMP 的网络管理在应对庞大复杂的网络管理方面显得比较吃力。在这种大环境下,TMN 重归人们的视野,并且 TMN 网络管理体系已成为未来网络管理的发展导向。

1.3 光网络基本概念及其演变

1966 年 7 月,英籍华人高锟(C. K. Kao)博士提出:"只要设法降低玻璃纤维中的杂质,就能够获得能用于通信的传输损耗较低的光导纤维。"2009年这一成就获得诺贝尔奖。随着光纤衰减的降低和半导体激光器技术的进步,光纤通信进入实用化阶段。40多年来,光纤通信系统依次经历了PDH光传输时代、SDH光传送网时代、大容量WDM传输时代等发展时代,日益向超高速、大容量、长距离、分组化、智能化发展。光纤通信系统构筑成连接世界各国的信息高速公路网络,成为信息社会时代的助推器。

1. PDH光纤传输系统的发展

早期的通信传输主要采用明线,同轴载波系统。1976年,美国贝尔实验室采用芯径较粗的多模光纤,波长为0.85 μm 的发光管做光源,开通了世界第一个实用化的光纤通信线路,从亚特兰大到华盛顿,速率为45 Mbit/s,由于当时工艺水平的限制,其容量还没有超过当时的电缆载波模拟通信。20世纪80年代初,单模光纤和波长为1.3 μm 的半导体激光器都研制成功,于是光纤通信系统进入单模长波长光纤通信时代,采用PDH体系准同步数字复用的方法依次将基群信号复用为二次群、三次群、四次群等信号,速率提高到140 Mbit/s,中继距离达数十千米,大大超过电缆传输。在20世纪80年代中期,数字体制的光纤通信开始取代模拟体制的电缆载波通信。

我国在同期开始光纤通信的研究,1976年,武汉邮电科学研究院、上海硅酸盐研究所与上海光机所联合进行了光纤传送一路黑白电视的演示试验,演示试验图像清晰,还传送单路电话,音质良好。这是国内首次使用光纤传输电视的实验。1982年,我国光纤通信第一个实用化系统——"八二工程"按期全线开通,该工程是一个市内电话局间中继工程,传输速率为8.448 Mbit/s,传输容量为120个市话话路,中继距离是6千米,整个线路长13.3千米,正式进入武汉市市话网试用。"八二工程"的建成,是我国光纤通信发展史上的一个重要里程碑,标志着我国国产光纤通信已由基本技术的准备阶段,发展到实用化和应用推广阶段。随后形成了PDH1-4次群系列,达到20世纪80年代同类产品国际水平。

为了适应光信号在光纤中的传输和维护管理的要求,武汉邮电科学研究院毛谦等在国内率先进行了光线路码型研究,提出了mB1H码型的方案,最典型的是1B1H码,并写进了相关标准,解决了PDH系统在中继站上下话路(区间通信)和网络管理的问题,得到广泛应用。同期,邮电部第五研究所(成都大唐线缆有限公司,原邮电部第五研究所)于1986—1987年,完成全国二次群光通信系统推广工程中的成都二分局至西郊分局的五千米二、三次群多模光传输系统工程。

这一阶段传输的主要业务是语音,光通信系统的传输速率为百兆级的光纤衰耗受限系统,但是完全具备了取代模拟体制的电缆载波通信的能力。

2. SDH光纤通信系统的发展

随着光纤数字通信技术向长距离、高速率的发展,SDH应运而生。SDH最早是1987年在美国贝尔通信技术实验室美籍华人金耀周博士提出的同步光网络(SONET)的基础上,由国际电话电报咨询委员会(CCITT,现ITU-T)于1988年进行了改进而成,并命名为SDH,使其成为不仅适用于光纤也适用于微波和卫星传输的通用技术体制。它可实现网络有效管理、实时业务监控、动态网络维护、不同厂商设备间的互通等多项功能,能大大提高网络资源利用率、降低管理及维护费用、实现灵活可靠和高效的网络运行与维护,得到广泛的应用。

1987年，在CCITT的SDH第一批建议G.707、708、709刚提出建议草案后两个月，邮电部第五研究所就进行SDH技术的研究和实现方法探讨，为了加快产品化进度，1993—1995年开展了联合产品开发，在五所技术基础上，有中国邮电工业总公司、眉山通信设备厂、重庆通信设备厂、上海通信设备厂和广州通信设备厂参加，完成了包括622 Mbit/s和155 Mbit/s的ADM中继器和中文界面网络管理系统，制作出终端产品共18个机架，联成系统。这些产品组成我国首条国产SDH设备光通信线路成都—西昌—攀枝花工程。

1996年，武汉邮电科学研究院完成"2.488 Gbit/s SDH高速光纤传输系统"(STM-16)、"SDH单元级网管系统"(SEMS1.0)研制。2.488 Gbit/s系统属国内首创，为我国实现用国产SDH高速光通信设备装备我国的通信网奠定了基础。"1998年，武汉邮科院承担的"10 Gbit/s SDH时分复用实验系统"顺利通过"863"专家组的验收。系统在两段80千米G.652光纤上传输，采用了光纤色散补偿技术，光接口参数和系统的功能符合G.691和G.681的要求。设备具有较完善的管理维护功能，可提供多种通信接口，公用电话功能完善等优点。

1998年，武汉邮科院余少华博士代表参加国际电信联盟第七研究组的中国专家组向国际电信联盟提出"IP over SDH"提案，X.85 IP over SDH标准于2000年被ITU-T批准，该提案是自国际电联成立以来通过的第一个中国提案。2001年，华为公司组织起草了《基于SDH的多业务传送节点技术要求》MSTP国家标准；并在2002年开始推出OptiX Metro系列MSTP设备，华为OptiX Metro系列MSTP设备实现RPR、GFP/VC/LCAS等关键技术的ASIC化，进一步增强设备功能和降低设备成本。2005年，烽火科技承担了国家863重大课题"自动交换光网络节点设备研制与系统"，并率先在业界推出具有太比特交换容量的商用化ASON系统FonsWeaver设备，在智能光网络系统发展方面取得了大量的研究成果和相关专利。

2009年，由武汉邮电科学研究院、信息产业部电信传输研究所、西安邮电学院、中国电子科技集团第55所、光纤通信技术和网络国家重点实验室(筹)等五家单位200多位科研人员，历时五年攻关共同完成"40 Gbit/s SDH(STM-256)光纤通信设备与系统"项目。攻克了STM-256成帧、超高速信号处理、超高速光传输等方面的技术难题，成功开发世界上第一套符合ITU-T标准STM-256帧结构的40 Gbit/s SDH设备，实现了在常用G.652和G.655光纤上链形和环形拓扑560千米远距离传输。该技术的突破使我国站在了国际光通信的前列。

这一阶段网络主要业务由语音向数据转换，光通信系统由百兆级的光纤衰耗受限系统发展为吉比特级的色散受限系统，传输技术由点到点的系统向具有多种结构、完善的保护恢复功能和OAM的传送网转变。

3. WDM光纤通信系统的发展

在20世纪80年代末，就有人提出了波分复用(WDM)技术，其实质是频率间隔较宽的频分复用技术。1 310 nm和1 550 nm的粗波分复用早已使用，而在1 550 nm的密集波分复用(DWDM)技术有许多问题要解决，如不同波长的激光器、光滤波器和光放大器等，最关键的是光放大器的开发。1986年，南安普顿(South Amptom)大学研制出掺饵光纤放大器，可以在很宽的波长范围内把光信号放大，从而在线路上可以不必采用光—电—光放大器对每一个波长信号进行放大，使DWDM在经济上成为可能。20世纪90年代中期,美国 AT&T 和 MCI 公司首先建立了光波分复用试验线路,使光纤通信系统的容量大大增加,真正发挥了光纤通信超大容量的潜力。

1996 年,邮电部五所与清华大学、邮电工业总公司合作研制的国内首次完成的 4×2.5 Gbit/s 波分复用实验系统在北京通过技术鉴定。整个系统包括 2 个波分复用终端、3 个光放大中继、监控通道、网元管理、公务电话齐备。同期,武汉邮电科学研究院、北京大学、清华大学、邮电部五所先后进行了 WDM 技术传输实验或者建设试验工程。1998 年,武汉邮电科学研究院在济南—青岛 462 km 线路上建起了 20 Gbit/s（8×2.5 Gbit/s）试验工程。济南—青岛工程是当时我国第一条采用国产 DWDM 系统设备建设的国家一级干线工程,它标志着我国的 8×2.5 Gbit/s WDM 传输设备完成了从科研到商品的转换过程,达到了国际商用先进水平。

2002 年,由北京邮电大学和中兴通讯合作完成的国家 863 计划跨主题重大项目——光分插复用设备（OADM）取得了重大研究成果。OADM 是 WDM 光传送网的关键设备,可以不经光/电/光转换和电处理,就能实现波分复用信道的分插功能,并具有良好的传输透明性。2002 中国第一套 1.6 Tbit/s DWDM 系统在武汉邮电科学研究院诞生。2005 年,国产超大容量（80×40 Gbit/s）传输设备在中国电信所属的上海和杭州之间的光传输线路上开通,且实现了稳定运行,表明我国在超高速率、超大容量光传输上取得了全面突破,达到世界最高的商用水平。

这一阶段,由于密集波分复用和微电子技术的进步,使光纤通信传输系统的容量呈爆炸性的增长,在 2001 年,可商用的 DWDM 光纤通信系统容量达 Tbit/s 量级,试验系统的速率高达 10 Tbit/s,充分显示出光纤通信的巨大潜力,促进了互联网数据业务的蓬勃发展,使三网融合、IPTV 等新业务成为可能。

4. FTTH 光纤接入技术的发展

实现端到端的全程光网络,是光通信开始应用就有的梦想。光纤到户（FTTH）概念提出的 30 多年里大致经历了三个发展阶段,第一次从 20 世纪 70 年代末,法国、加拿大和日本世界上第一批 FTTH 现场试验开始;第二次 1995 年左右主要是美国和日本进行了 BPON 的研究和实验。两次发展机遇全都由于成本太高、缺乏市场需求而夭折。2000 年开始,EPON 和 GPON 的概念提出并开始了标准化,FTTH 技术迎来了真正的发展浪潮,全球的光纤接入市场迅速增长,全球 FTTX 用户数也将迅速增长,并且在全球宽带接入中所占的比率将逐步提高。

长远看,现有 FTTH 技术带宽和分光比方面依然无法满足未来每用户 50～100 Mbit/s 发展需要。下一代 PON 已经成为业界的研究热点。EPON 和 GPON 今后都会向更高速率的 10G EPON 和 XGPON 方向发展。目前国际标准组织已经开始了标准的讨论和制订工作。其中对称速率 10G EPON 的标准 2009 年 9 月已经完成,一些非对称速率 10G EPON 系统已经在网络上开始应用。10G GPON ITU 2009 年 10 月份也完成了物理层的规范,预计 2011 年能够完成标准化进程。ITU-T 和 FSAN 将 NG-PON 标准分成两个阶段:NG-PON1 和 NG-PON2。其中,NG-PON1 定位为中期研究的升级技术,研究时间段是 2009—2012 年,NG-PON2 是一个远期研究的解决方案,研究期预计为 2012—2015 年。NG-PON1 标准启动较晚,由于 PMD、TC 层等基础内容尚处于技术论证阶段制约了产业链的发展。光模块和芯片产业发展,与 GPON 类似,如果 NG-PON 标准定义的指标参数,如突发模块开/关时间与同步时序依然很严格,将为规模商用的器件产业成熟增加了困难,会进一步延缓产业链的进程。

WDM PON 技术为每个 ONU 分配一个波长,并且能够透明传输各种协议的所有业务流,能满足未来很长时间的带宽需求。2010 年由烽火通信科技股份有限公司(以下简称烽火通信)联合中国电信集团公司等共同承担的国家"十一五"863 重大项目课题"低成本的多波长以太网综合接入系统(λ-EMD)"完成,研制出的 WDM-TDM PON 系统是业界第一款单纤 80 波,每波支持 1:128 分路,传输距离达 60～80 千米的 xPON 系统。采用 WDM 和 TDM 混合模式的 PON 结构,可以兼容现有的 1G/2.5G/10G EPON、GPON 和 P2P 等多种光纤接入技术;通过 WDM 方式可以承载现有 CATV 业务,方便实现"三网融合"业务接入,实现了我国下一代光纤接入技术研究的新跨越。

5. 光纤通信系统的发展展望

目前光通信技术正进一步发展。一是高速率大容量光传输技术,提高容量的途径有两个:提高单通道的传输速率和增加通道数。目前单波长 40 Gbit/s 速率已经规模商用,正在研究开发 100 Gbit/s 速率乃至更高速率的系统。在超高速传输时,对于光纤的偏振模色散指标有更高的要求。偏振模色散随环境的变化会使信号发生随机起伏的噪声,幸而这些起伏是慢变化的,所以可以用电子偏振控制器去克服。现在,实验室的单根光纤的传输容量已达到 32 Tbit/s,发展前景十分辉煌。

二是向分组传送网发展,目前比较流行的主要有 3 种:T-MPLS、PBT、VPLS。T-MPLS 是基于 MPLS 技术的面向连接的包传送技术,是 MPLS 的子集,是将数据通信技术同现有电信网络有效结合的技术。T-MPLS 抛弃了 MPLS 繁复的控制协议族,简化了数据平面,去掉了不必要的转发处理,并增加和完善了保护倒换和 OAM 功能。运营骨干传送(Provider Backbone Transport,PBT)技术源自 IEEE 802.1ah 定义的运营商骨干网桥接(Provider Backbone Bridge,PBB),即 MAC-in-MAC 技术。MAC-in-MAC 是基于 MAC 堆栈的技术,或者说 MAC 嵌套技术。用户 MAC 被封装在运营商 MAC 之中作为内层 MAC 加以隔离,增强了以太网的扩展性和业务的安全性。VPLS 基于 MPLS,采用两层 MPLS 标签封装,独立于具体物理拓扑,且能支持任意的逻辑拓扑结构,具有较高的组网灵活性,还可以利用 MPLS 的流量工程实现资源配置的最佳化。

三是自动交换光网络(ASON)技术,将控制平面引入光传输网络,用信令方式取代传统的静态管理配置方式实现不同颗粒度光传输信道的自动交换。动态配置网络资源,使用网状网保护恢复技术增强网络的生存性。从技术层面上看,目前的 ASON 系统还可以支持多种业务,可以认为是 ASON 与 MSTP 的完美结合。传送网的发展趋势是使用智能光网络控制平面来加强 OTN,适应网络的长期发展需求。

四是向全光通信发展,全光化指的是在中继器中光信号直接被放大,省去了光—电转换和电—光转换过程。全光化和光集成化可以大大减少中断器和光端机的体积,降低功耗和成本,提高可靠性。全光化和光集成化的光纤通信技术正在研究之中,在已有的光分插复用器和光交叉连接器的基础上,首先实现波长交换,进一步研究光突发交换,最后突破光分组交换。

光网络是宽带通信网的必然发展方向,正在从高速大容量的信息传输向智能化的方向发展,它要求光网络更灵活、面向用户和成本更低。光网络功能和性能的进一步发展主要取决于所用的光电子器件,光电子器件的先进性、可靠性以及经济性会直接影响系统设备甚至整个网络的生命力和市场竞争力。由于构成光网络的频带宽、容量大,光网络技术的发展极大地支持了宽带通信网的发展。

光网络管理的建设是一项复杂的系统工程,不仅是技术上的进步,更是管理方式上的革新;不仅要考虑满足当前的需求,更要站在长远发展的高度来认识;既要充分利用成熟的技术成果,又要及时的吸收最新的技术。充分认识光网络管理的长期性、艰巨性和复杂性,才有可能使光网络管理进入健康发展的道路。

1.4　光网络管理与维护的智能化发展

国家宽带网络科技发展"十二五"专项规划,将宽带建设提升到国家战略的高度,作为宽带建设的载体,光网络将迎来新的建设浪潮。前期建设积累的问题,要想在继续建设中解决,使得资源利用率和准确率提高,节省建设和维护的人力物力成本,智能化是未来的建设方向。智能化光纤基础设施网络将具备资源信息准确率高、施工流程闭环自动管理、开通业务快、故障定位准等特点。

在建设这张基础网络的时候,需要铺设大量的光纤,需要熔接、成端、转接、跳接、入户等工序与环节。目前已经建设的光网络已经具备了很大的规模,同时也存在着很多问题,最大的问题就是资源信息不准确,无法管理。完全依靠人工管理,使用纸件记录光纤熔接,跳接关系,无法实时核对与更新。对资源管理的队伍也很复杂,之间全部靠纸件传递。网络规划、建设、管理以及业务开通都是不同的队伍,网络维护又是另外一支队伍。所有的信息都是靠设备上的纸质标签和网络管理系统上的数据表格进行管理,全部依赖人工。日积月累已经存在了很多的错误,导致这些已经记录的数据变得越来越不准确。光纤资源利用率是多少、连接关系如何、光路由是如何变动的已经不能够从记录数据的资源管理中心获得准确数据。因此每次在开通业务的时候,由于信息不准确导致重复派单,返工的事情常有发生,严重浪费了人力物力。开通业务时间长,有的甚至长达 15 天。

如果仍然按照这样的方式建设光网络,无法清理前面的错误,无法使系统健康地发展下去。为了解决这个问题,使得光网络资源信息变得准确,资源达到最大化地利用,光网络就要向着智能化方向演进。智能化光纤基础网络要能够实现资源信息的准确性,包含光缆的连接关系、节点设备的端口信息、端口的跳接关系等;光纤路由信息准确包括光缆的铺设地理信息、成端信息等。从技术上实现这样的目的,目前大致有三种方法。第一种是条形码,即给每一根光纤、每一个端口、每一个设备标示一个条形码进行识别、记录等。这仍然是一种无源的技术,就像现在的商品一样,实际上是一种物联网在光网络领域的应用。它的实时更新性以及设备状态可执行无法保证。第二种是使用 RFID 技术,即像上面一样使用 RFID 进行标示。这就是一种有源的技术,需要有 RFID 发射器和接收器进行组合使用,可以实现状态的实时更新上传。第三种是 eID 技术,即使用接触式的集成电路和芯片进行设备 ID 标示。设备状态的改变即是接触连接的改变,信息都可以实时传递到网关中心进行更新。这样就可以保证资源管理中心的数据是 100%准确的。在站点的端口 ID 技术和网络管理中心之间,传递工单信息的设备为施工人员手持的便携设备。将网络管理中心发布的施工指令操作完毕并收集站点设备信息回传网络管理中心进行验收。这样网络管理中心就实时更新网络设备信息,保证准确,并保证施工结果的正确性。

网络管理中心可以根据这些技术手段收录资源信息,同时如果数据出错,可以进行自动告警。即如果设备端口连接关系发生变化,需要立刻产生告警;如果施工结果和所派发的工单不一致,也应该产生告警,直至正确一致。所有资源信息在网络管理中心都可以做到可视化、智能化光纤基础网络,可以将网元设备做成可视化,每个设备的配置是什么、多少端口占用、多少端口空闲都可以在网络管理平台上直观、准确地显示。

资源信息保证 100%准确,能够实现全流程自动化闭环管理。网络管理系统可以根据资源管理系统的信息自动生成光路由,由网络管理系统输出工单,现场工人施工,施工结束后将工单回传网络管理系统进行校验。这样避免了由于资源信息不准确而采取倒装机的模式,施工结果也可以立刻进行验收,大量节约了人力和时间成本。后期的网络巡检,也可以进行电子化批量处理,大大节约站点操作时间,提高工作效率。

1. 专家系统

专家系统是最早被应用于网络管理的智能技术,现在已经取得了很大的成功。专家系统通过利用专家的经验和知识,对问题进行分析,给出专家级的解决方案。如烽火通信的 OTNM2000 网络管理系统,就大量采用了专家系统。

在网络管理中运用的专家系统按功能大致分为三类:维护类、提供类和管理类。维护类专家系统提供网络监控、故障修复、故障诊断功能,以保证网络的效率和可靠性;提供类辅助制定和实现灵活的网络发展规划;管理类辅助管理网络业务,当发生意外情况时辅助制定和执行可行的策略。

实际应用的工程中,维护类专家系统占绝大多数。这类系统的大量应用,已经在日常操作中产生了重要作用。提供类专家系统大多用于辅助网络设计和配置,最近也出现了用于网络规划的系统,最常见的管理类专家系统是辅助进行路由选择和业务管理的系统,即在公网中监视业务数据和加载路由表,以疏导业务处理拥塞。除此之外也开发了一些特殊用途的系统,如逃费监察等。

在专家系统中处理的问题可以分为综合型和分析型两类。综合型问题是处理在给出元素和元素之间关系的条件下进行元素的组合。这类问题通常在网络配置、计费和安全管理中遇到。分析型问题则是从总体出发考察各元素与总体性能之间的关系。这类问题通常在网络故障诊断和性能分析中遇到。对分析类问题常常采用"预测"和"解释"两种分析方法。预测法是根据各组成元素的性能,推测网络的总体性能。预测法是网络性能分析常用的方法。解释法根据元素及其观察到的性能推测网络元素的状态。解释法也是网络故障诊断的常用方法。

网络管理专家系统有脱机和联机两种类型。脱机型是简单的事件驱动型。当发现网络存在问题后，利用专家系统解决问题。专家系统查询网络的配置情况和观察到的状态，根据得到的信息进行分析，最终给出诊断结果和可能的解决方案。脱机型专家系统的缺点是不能实时，只能用于问题的诊断，而网络是否已经发生问题却需要先由人来判断。联机型专家系统是与网络集成在一起。定时监测网络的变化情况，分析是否发生了问题以及需要采取什么行动。

最初的专家系统由于基于特定的软硬件平台，与数据库缺乏通信能力，基本上都是脱机系统。随着基于 UNIX 操作系统的专业工作站普及，以及一些功能强大的工具的出现，这种状况得到了明显的改善。如今，能否实现与网络的联机已经成为一个专家系统能否被接受的要素。

2. 智能代理

现代标准网络管理模型(如 CMIP、TMN、SNMP)的共同特点是整个体系结构由分布在各地的管理节点组成，本地节点以代理(Agent)的角色来接受远程节点以管理角色(Manager)下达的管理操作命令，对本地管理信息库(Management Information Base，MIB)进行操作，完成管理任务。节点之间通信和协调通过管理信息网络完成。

这样的网络管理是一种分布式的、面向逻辑数据的、管理节点之间协同工作的管理。实践证明这种结构是灵活、方便和有效的。随着网络技术和业务的发展，人们对网络管理水平也提出了更高的要求。如何让代理更加自治地工作，以减少管理操作命令等管理信息的传递，提高监测水平和缩短故障诊断及修复的时间等问题已经越来越突出。尤其是那些管理端采用轮训机制与代理通信的网络管理模型，更加迫切地希望提高代理的自治性和自适应性。如何解决这一难题呢？一个有效的方法是：用分布式人工智能的智能代理来替代网络管理与控制体系结构中的管理端和代理，使得各个管理实体能够自治地、主动地、实时地，同时又相互协同地工作。

管理端向代理发布管理操作命令，代理负责对自己所管理的管理信息库中的被管对象(Managed Object)进行访问，执行管理端下达的操作命令，并将操作结果报告给管理端。另外，当被管对象发生需要管理端及时了解的事件时，代理要将被管对象的通报主动传递给管理端。操作命令、操作成果以及通报的传递依靠标准通信协议。但是，在多数场合，一个管理节点并不只是管理端或只是代理，而是此时是管理端，彼时又是代理。当它向另一个管理节点发布操作命令时，它便是管理端；而当它接受其他管理节点的操作命令时，它便是代理。因此，管理端和代理也可以被看作是一个管理实体的两种角色。

然而，在分布式人工智能领域，代理却不仅仅是一个代理者，而是一个非常宽泛的概念。它泛指一切通过传感器感知环境，运用所掌握的知识在特定的目标下进行问题求解，然后通过效应器对环境施加作用的实体。

分布式人工智能中的代理是由知识和知识处理方法两部分组成的。知识是其自身可以改变的部分，而知识处理方法则是其自身不可改变的部分。它的显著特征是"知识化"，因而被称为智能代理。

由管理端和代理两个角色共同构成的网络管理实体所具有的能力,仅是智能代理能力的一小部分。但智能代理的特性更好、更高、更强。因此,用智能代理来代替标准网络管理模型中的管理实体管理端和代理,是在现有的网络管理框架下实现智能化的一个很好的方案。

3. 计算智能

宽带网络是国家信息网络发展和建设的重点,宽带网络管理对技术也提出了更高的要求。宽带网络具有业务种类多、容量大、处理速度高等特点。

对于光网络管理来说,业务种类多的特点显著提高了业务量控制的难度;容量大的特点要求网络要有很高的可靠性和存活性,自我保护技术成为关键技术;高速处理的特点要求网络管理的算法要有实时性,否则便无法与网络的数据传递速度匹配。

在功能方面,业务量控制、路由选择和自我保护是光网络管理需要特殊研究和开发的三项关键技术。

在这种背景下,基于计算智能的方法受到了重视。计算智能是人工智能的一个重要分支,与传统的基于符号演算的人工智能方法相比,计算智能是以生物进化的观点认识和模拟智能。计算智能认为,智能是在生物的遗传、变异、生长以及外部环境的自然选择中产生的。在用进废退、优胜劣汰的过程中,适应度高的被保存下来,智能水平也随之提高。

计算智能的主要方法有人工神经网络、遗传算法及模糊逻辑等。这些方法具有自学习、自组织、自适应的特征和简单通用、适于并行处理的优点。基于此,计算智能为研究和开发上述光网络管理中的关键技术提供了方法。

4. 数据挖掘的故障告警关联分析

网络的异常或故障被相关设备检测出来并形成告警,因此网络管理系统经常会出现大量的告警,形成"告警风暴"。告警风暴使网络系统和人员难以抓到问题的关键,判断出故障的根本原因。

告警关联分析是通过对告警进行合并和转化,将多个告警合并成一条具有更多信息量的告警,反映故障根本原因,帮助定位故障并对可能发生的故障进行预测。告警关联分析主要被看作是故障定位的重要辅助手段,首先对故障引发的大量告警进行关联分析,滤除冗余告警,找出代表故障的根源告警,然后再进一步做出故障定位。

另外由于设备之间以及组成设备的多个模块之间存在关联性,很多网络故障都具有一定的传播性,反映到告警中就是与这些故障相关的告警之间也存在相关性。如果应用告警关联分析能够找出这些关系,就可以对当前故障的原因进行预测。

常用的告警关联分析方法有基于规则的关联分析、基于事例推理的关联分析、基于模型的关联分析、基于数据挖掘的关联分析等几种。其中,基于数据挖掘的方法有其独特的优势。它自动化程度高,便于维护,能够发现潜在的关联规则,适用复杂网络结构,与基于规则、基于事例、基于模型等方法之间有显著的互补性。

20 世纪 90 年代,人工神经网络理论的发展为智能化又注入了新的生机。人工神经网络的自组织、自适应、自学习、并行计算等方面明显优于传统的人工智能,由人工神经网络模型实现的记忆、联想、识别等机能更接近人的同类机能。智能化光网络可以提升业务开通效率,提升链路故障处理速度,缩短恢复时间。将 GIS 地图嵌入网络管理功能中,这样节点设备的具体地理位置和实际光纤路由就可以精确显示。设备的准确位置,可以大大提升业务开通速度。根据用户的位置,就近查找可用资源进行业务开通,一次完成。光纤实际路由,配合 ODTR 定位出的故障点距离,在 GIS 地图上定位查找距离所在位置,故障范围半径更精确,处理更快速。

这只是现阶段能够实现的智能化网络功能,未来的演进将越来越脱离人工操作,电子信息越来越使得光纤基础网络透明化。实物载体性越来越轻,对链路的操作和连接关系的管理,都只需要按照指令操作即可,完全不再需要物理操作。

第 2 章
网络管理模型

光网络管理一般是通过网络管理系统实现。现代光网络结构非常复杂,在进行网络管理系统开发时,必须用逻辑模型来表示这些复杂的网络结构。所谓的网络管理模型就是从现实复杂的网络中抽象出来的逻辑模型,作为网络管理系统开发的支持,定义了网络管理的框架、方式和方法。不同的网络管理模型会带来不同的管理能力、管理效率和经济效益,决定网络管理系统不同的复杂度、灵活度和兼容性。

2.1 网络管理模型概述

网络管理系统是用于实现对网络的全面有效的管理,实现网络管理目标的系统。概括地说,一个网络管理系统从逻辑上包括管理对象、管理进程、管理信息库和管理协议 4 部分。网络管理系统基本逻辑模型如图 2-1 所示。

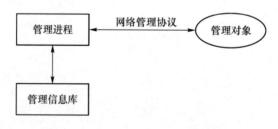

图 2-1 网络管理系统基本逻辑模型

(1) 管理对象。管理对象是网络中可以操作的数据,例如:记录设备或设施工作状态的状态变量、设备内部的工作参数、设备内部用来表示性能的统计参数等;需要进行控制的外部工作状态和工作参数;为网络管理系统设计,为管理系统本身服务的工作参数等。

(2) 管理进程。管理进程是一个或一组软件程序,一般运行在网络管理站(网络管理中心)的主机上,它可以在网络管理协议的支持下,完成对管理对象的各种管理操作。

(3) 管理信息库。管理信息库用于记录网络中管理对象的信息。例如:状态类对象的状态代码、参数类管理对象的参数值等。

(4) 管理协议。管理协议用于在管理系统与管理对象之间传递操作命令,负责解释管理操作命令。通过管理协议来保证管理信息库中的数据与具体设备中的实际状态、工作参数保持一致。

早期的网络管理是根据不同的业务和设备开发不同的网络管理系统,各种网络管理系统之间没有统一的结构和平台,相互之间也不能互通。基于远程监控的管理框架是现代网络管理体系的核心,目标是建立统一的综合网络管理系统,简化网络管理操作。

基于远程监控的网络管理中,一般采用管理者/代理的管理模型,它与客户机/服务器(Client/Server)模式相类似,通过管理进程与远程系统的相互作用,实现对远程资源的控制。网络管理者一般位于网络系统的主干或者周围,负责发送操作指令和接收发自代理的信息。管理者需要定期查询代理所收集到的配置、性能等数据,用以判断当前单个网络设备、部分及整个网络的运行状态。网络代理一般位于被管设备的内部,负责把管理者发来的信息或者指令转换成当前设备可以理解的指令,并将相应的结果返回给管理者。除此之外,网络代理也负责将当前系统中发生的事件主动上报给管理者。图 2-2 为管理者/代理管理模型。

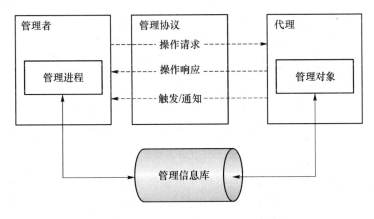

图 2-2　管理者/代理管理模型

网络管理模型是网络管理的基础,它包括网络管理组织模型(体系结构)、管理信息模型和管理信息通信模型(协议)三个主要部分。

目前网络管理领域形成两种主要的网络管理体系,即基于 OSI 模型的公共管理信息协议(CMIP)体系结构和基于 TCP/IP 模型的简单网络管理协议(SNMP)体系结构。CMIP 体系结构为国际标准化组织 ISO 所制定,是通用的管理模型,功能完备但比较复杂;SNMP 体系是为了 Internet 管理而制定的,功能简单但比较实用,随着 Internet 的发展,SNMP 体系也得到较快的发展,成为目前应用最广的网络管理体系。

2.2　OSI 网络管理模型

OSI 网络管理框架是 ISO 在 1979 年开始制定的,也是国际上最早制定的网络管理标准。在 ISO 制定的 OSI 网络管理标准中,管理协议是公用管理信息协议(Common Management Information Protocol,CMIP),所提供的管理服务是通用管理信息服务(Common Management

Information Service,CMIS)。尽管由于种种原因 CMIP 的应用部署远没有达到 1988 年开始制定的 SNMP 那样成功,但它是大多数通信服务提供商和政府机构主要采纳和参考的网络管理框架。

2.2.1 OSI 网络管理体系结构

传统的网络管理是本地性和物理性的,即复用设备、交换机、路由器等资源要通过物理作业进行本地管理。技术人员在现场连接仪器、操作按钮、监视和改变网络资源的状态。在新的管理框架中,将网络资源的状态和活动用数据加以定义以后,远程监控系统中需要的功能就成为一组简单的数据库操作功能(即建立、提取、更新、删除功能)。远程监控管理框架已经成为处理网络不断增加的复杂件的主要工具。在基于远程监控的管理框架下,OSI 开放系统管理体系结构作为建立网络管理系统的基本指南,图 2-3 显示了 OSI 开放系统管理体系结构。

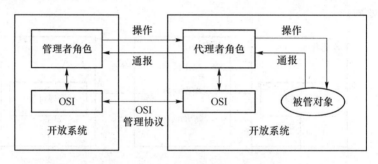

图 2-3 OSI 开放系统管理体系结构

系统管理体系结构的核心是一对相互通信的系统管理实体。它采取一种独特的方式使两个管理进程之间相互作用,即管理进程与一个远程系统相互作用,实现对远程资源的控制。在这种简单的体系结构中,一个系统中的管理进程担当管理者角色,而另一个系统的对等实体(进程)担当代理者角色,代理者负责提供对被管资源的信息进行访问,前者被称为管理系统,后者被称为被管系统。

在 OSI 系统管理模型中,对网络资源的信息描述是非常重要的,在系统管理层面上,物理资源本身只被作为信息源来对待,在通过通信接口交换信息时,必须对所交换的信息有相同的理解。因此,提供公共信息模型是实现系统管理模型的关键。公共信息模型采用面向对象技术,提出了被管对象的概念来描述被管资源。被管对象对外提供一个管理接口,通过这个接口可以对被管对象执行操作,或将被管对象内部发生的随机事件用通报的形式向外发出。在系统管理体系结构中,管理者角色与代理者角色不是固定的,而是由每次通信的过程所决定的。

担当管理者角色的进程向担当代理者角色的进程发出操作请求,担当代理者角色的进程对被管对象进行操作并将被管对象发送的通报传向管理者,即管理者和代理者之间的信道支持两类数据传送服务:管理操作(由管理者发向代理者)和通报(由代理者发向管理者)。因此,两个管理应用实体(进程)间角色的划分完全依赖于传送的管理数据类别和传送方向。

代理者除提供被管对象接口与开放式通信接口之间的映射外,还提供管理支持服务。特别是为了操作的同步和控制对被管对象的访问,它支持对系统中的被管对象组的寻址。它还能选择性地过滤要执行的操作或者控制通报所产生的数据流。代理者提供的这些支持特性本身也能得到管理,这种管理能力通过对被管对象的操作来实现。1991 年,ISO批准了两个支持功能作为国际标准,即事件报告功能和日志控制功能的管理。随后,访问控制和时间表功能也被标准化。

2.2.2 OSI 网络管理信息模型

采用基于远程监控的管理框架,必须对多厂商的网络设备以及异构网络的信息进行统一、一致和规范的描述,否则管理者就无法读取、设置和理解远程的管理信息。为此OSI 提出了基于 CMIP 的管理信息模型作为标准管理信息模型。管理信息模型采用面向对象技术,提出了被管对象的概念对被管资源进行描述,定义的各种标准被管对象,都被赋予全局唯一的对象标识符,对被管对象(实例)的命名采用包含树的方法进行。

1. OSI 网络管理信息模型

OSI 的管理信息模型具有以下基本特征。

(1)管理信息的定义与 CMIS 兼容,能够通过 CMIP 进行访问。

(2)有一个公共的全局命名结构,对管理信息进行标识。

(3)用面向对象的方法建立信息模型,管理信息被定义在被管对象中。

管理信息模型中的被管对象是所代表的资源的一个管理视图。所谓管理视图,就是以某种管理为目的对被管资源进行的抽象,被管资源有方方面面的特性,但对某种特定的管理来说,只对某些方面的特性感兴趣。例如,电话交换机是一种被管资源,它有体积、重量、颜色等外观特性,也有容量、交换方式等技术特性,还有价格、厂商、出厂日期、购买日期等经济特性。不同的管理任务关心不同的特性,如性能管理关心技术特性,不关心经济特性,而计费管理关心经济特性,不关心技术特性等。因此对于电话交换机这个资源,根据不同的任务可以有不同的管理视图。另外,为了进行管理,往往不仅需要了解基本特性,还需要在这些基本特性的基础上进行统计和分析。因此对被管资源进行抽象,一方面是指提取相关特性,忽略无关特性,另一方面是指对基本特性的观测结果进行加工和提炼。

被管对象可以看作是一个将它所代表的资源包围起来的不透明的球,球的表面开有"窗口"。外界只能通过窗口对资源进行观测,因而有些特性是观测不到的;资源通过窗口向外界报告内部的情况,但不是所有的情况都向外界报告。这些特点体现了面向对象技术的抽象性和封装性,即被管对象是资源的抽象,是对资源的封装。球面上的"窗口"被称为被管对象的界面,在系统管理模型中,代理者就是通过这个界面与被管对象进行交互。因此,通过这个界面的管理信息有以下 3 种。

(1)代理者对被管对象的管理操作,M-GET,M-SET 等。

(2)管理操作的应答。

(3)被管对象产生事件通报,代理者接到后,用 M-EVENT-REPORT 向管理者转发。

2. 被管对象类

从以上的讨论中可知,利用管理信息模型对网络资源进行管理,就要定义被管对象对资源进行抽象描述。因此,在管理信息模型中,被管对象定义是一个主要问题。根据对管理信息模型的要求,被管对象的定义应该有统一性、一致性和可重用性。统一性要求定义的被管对象要有全局唯一的意义和名称标识,一致性除了要求定义的风格一致外,还要求类似的特性以类似或相同的被管对象定义,可重用性要求定义的说明规范能够被重用。

为了满足这些要求,被管对象的定义应以类为单位进行。一个被管对象类可以对资源的多个类似特性或多个类似资源进行描述。例如,一个系统可能有多个类似的MODEM,对它们的管理方法也是类似的。那么我们就可以定义一个 MODEM 被管对象类。统一确定所有这些 MODEM 的管理信息模型,而每个具体的 MODEM 的管理信息就是这个被管对象类的一个具体的值——实例。因而,被管对象定义严格地说是指被管对象类定义。有了被管对象类的概念后,单说"被管对象"时,一般是指被管对象实例。

定义被管对象类,就是要对它具有的属性(Attribute)、可以进行的操作(Operation)、能够发出的通报(Notify Action)等特性(Property)进行定义。另外,还要对它的行为(Behavior)以及命名方法等特性进行说明。

继承(Inheritance)机制是面向对象技术的主要优点之一,在被管对象类定义中,这种机制发挥着非常重要的作用。所谓继承就是在定义新类的时候,指定一些现有的类为父类,新类对父类中各种特性的定义(说明)加以自动引用。新类也称为子类(SubClass),父类也称为超类(SuperClass)。

继承机制大大简化了被管对象类的定义,通常情况下只需在现有类的基础上做一些扩充,这种扩充可以由标准化组织完成,也可以由厂商来完成,扩充过程被称为特殊化。可以看出,继承机制提供了一个简单一致的方法对被管对象类进行定义。

3. 管理信息结构 SMI(Structure of Management Information)标准

在上述管理信息模型的基础上,OSI 开发了一套管理信息结构标准,明确了管理信息模型的基本概念,为定义被管对象提供了指南,并对一般的、通用的管理信息进行了定义。管理信息模型由如下 4 个标准组成。

(1) 管理信息模型(MIM)。

(2) 管理信息定义(DMI)。

(3) 被管对象定义指南(GDMO)。

(4) 一般管理信息(GMI)。

管理信息模型(MIM)建立被管对象的基本概念,是 SMI 系列其他标准的基础,所有被管对象定义必须遵循这个标准。管理信息定义(DMI)标准将系统管理标准所需的所有管理信息定义集中到单个文本中,作为被管对象定义者的一个单独的参考点。被管对象定义指南(GDMO)可以帮助人们完整地定义被管对象、属性、通报等管理信息。为了保证与系统管理的其他部分的兼容,所有管理信息的定义都应遵守 GDMO。一般管理信息(GMI)标准说明 OSI 各层公共的一般信息,它包括对服务接入点(SAP)对象的定义、连接型(CO)和无连接型(CL)协议机对象等,并希望支持不同 OSI 层的被管对象间的一致性,因此它是定义 OSI 层协议被管对象的基本部分。

4. 管理对象定义

被管对象定义是利用管理信息模型管理网络资源的核心任务之一,为了使被管对象定义能够统一、一致、规范和高效,OSI 制定了 GDMO 等标准对定义者进行指导。

(1) GDMO 简介

上面讲述的管理信息模型提供了在 OSI 管理环境下建立被管对象的概念和原则。但是仅靠这个模型还不足以让人们清楚被管对象如何定义。GDMO 提供了按照管理信息模型定义被管对象的原则和方法,它包含被管对象定义者可以利用的素材,也提供了被管对象描述法的语法和语义。GDMO 的目标是为定义者提供背景信息和描述工具,为定义被管对象提供方便条件。

GDMO 制定了开发被管对象类的一般原则,指出了被管对象定义者必须注意的全局问题,并强调了各个定义之间的方法的一致性。

(2) 一般原则

GDMO 的一般原则首先强调要保持一个开阔的视野来开发被管对象类,在定义过程中要充分应用结构化机制(子类、多重继承、包、包含以及属性组),从而达到重复利用不同环境下的定义,降低定义过程的复杂性,提高定义的一致性的目的。

另一个重要原则是保持与被管资源的复杂度相对应的管理功能的复杂度。为了减小系统的总复杂度,对简单资源保持相应简单的管理功能是很重要的。但是,有时也会出现要求进行复杂管理的被管资源自身只有简单的管理功能,这时,管理系统就要为管理这类资源付出额外的负担。这种问题通常采用层次化管理结构来解决,在这种结构中,将管理者划分成不同的层次,高层管理者需要低层管理者的支持,由低层管理者代管资源。通过代管者对信息进行批处理,来协调管理者发出的复杂命令与被管资源简单的管理能力之间的矛盾。

(3) 全局性问题

GDMO 指出的全局性问题包括注册、命名、选项和一致性等问题。

① 注册

GDMO 描述了一个用于为定义的被管对象类及其成分分配全局唯一的对象标识符。

② 命名

需要适当选择将被用于作为被管对象命名属性的数据类型。一般选择容易读的数据类型,即选择 Graphic String,它允许使用任何标准字符集。

③ 选项

一般地讲,标准中的选项会在互通时引起问题,所以 GDMO 原则上不允许在被管对象的定义中存在选项,除非它与被管资源的某些标准的可选特征或者某些标准的 OSI 管理功能子集有关。

④ 一致性

为了使不同的标准所定义的被管对象具有一致性,GDMO 提出了许多建议。这些建议提倡利用现有的被管对象类的定义减轻被管对象定义者的负担,通过减少解决类似问题的方法来减轻管理设备的最终用户的负担,同时还提倡被管对象定义者将对其他开发者有用的定义设计为可重用的。

2.2.3　OSI 网络管理通信模型

实现对远程管理信息的访问,需要有通信协议,这种协议被称为管理信息通信协议。对此,OSI 提出了公共管理信息协议(CMIP)。在 CMIP 中,应用层中与系统管理应用有关的实体被称为系统管理应用实体(System Management Application Entity,SMAE)。SMAE 有 3 个元素:连接控制服务元素(Association Control Service Element,ACSE)、远程操作服务元素(Remote Operation Service Element,ROSE)及公共管理信息服务元素(Common Management Information Service Element,CMISE)。

(1)公共管理信息服务

OSI 管理信息采用连接型协议传送,管理者和代理者是一对对等实体,通过调用 CMISE 来交换管理信息。CMISE 提供的服务访问点支持管理者和代理者之间的联系。CMISE 利用 ACSE 和 ROSE 来实现管理信息服务。CMISE 与管理者、代理者以及 OSI 应用层的其他协议之间的关系如图 2-4 所示。

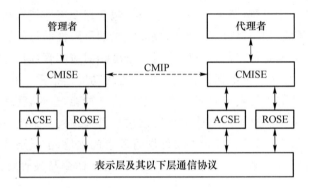

图 2-4　CMISE 体系结构图

CMISE 提供的公共管理信息服务完成管理者与代理者之间的通信,这是实现所有管理功能的前提。通过 CMISE 可以完成获取数据、设置和复位数据、增加数据、减少数据、在对象上进行动作、建立对象和删除对象等操作。CMISE 利用 ACSE 控制联系的建立、释放和撤销,利用 ROSE 实现远程操作和事件报告。

CMISE 为管理者和代理者提供的 CMISE 服务有以下 7 种。

① M-EVENT-REPORT:用于代理者向管理者报告发生或发现的有关被管对象的事件。

② M-GET:用于管理者通过代理者提取被管对象的信息。

③ M-CANCEL-GET:用于管理者通知代理者取消发出的某个 M-GET 发出的请求。

④ M-SET:用于管理者通过代理者修改被管对象的属性值。

⑤ M-ACTION:用于管理者通过代理者对被管对象执行指定的操作。

⑥ M-CREATE:用于管理者通过代理者创建新的被管对象实例。

⑦ M-DELETE:用于管理者通过代理者删除被管对象的实例。

其中 M-GET、M-SET、M-ACTION、M-CREATE、M-DELETE 和 M-CANCEL-GET 支持管理者的操作请求,而 M-EVENT-REPORT 支持代理者发送通报。

管理者和代理者用 CMIS 服务原语调用上述 7 种服务。每种服务有 request、indication、response 和 confirm 4 个服务原语。例如 M-GET. req、M-GET. ind、M-GET. rsp 和 M-GET. conf。其中 request 和 confirm 原语由服务启动方调用,已发出请求和接受应答或确认;indication 和 response 原语由服务响应方调用,以接受请求和反馈应答或确认。显然,对于确认型服务的调用,上述 4 种类型的原语都将被用到;而对于非确认型服务,只有 request 和 indication 两种。

（2）公共管理信息协议

OSI 通信协议分两部分定义:一部分是对上层用户提供的服务;另一部分是对等实体之间信息传输协议。在管理通信协议中,CMIS 是向上提供的服务,CMIP 是 CMIS 实体之间的信息传输协议。在 CMIS 的元素和协议数据单元之间存在一个简单的关系,即用 PDU 传送服务请求并请求地点和它们的响应。CMIP 的所有功能都要映射到应用层的其他协议来实现。管理联系的建立、释放和撤销通过联系控制协议（Association Control Protocol, ACP）实现。操作和事件报告通过远程操作协议（Remote Operation Protocol, ROP）实现。上述关系使得系统管理可以由不同的协议体系来支持,它们的主要差别在于网络层及其以下层属于不同的协议族。图 2-5 是 OSI 网络管理论坛提出的协议剖面图,它展示了表示层之上的联系控制协议和远程操作协议的作用。也可以看出,不是所有的管理通信都需要使用 CMIP。

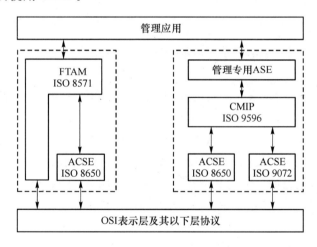

图 2-5　OSI 协议剖面图

CMIP 所支持的服务是七种 CMIS 服务。CMIP 提供 CMIS 服务原语供管理者和代理者调用,然后 CMIP 实体将服务原语转换为协议数据单元（PDU）,按照确定的规则与远程的对等实体进行 PDU 的交换。

CMIP 的 PDU 对应服务原语进行定义。由服务请求方 CMIP 实体发给服务应答方 CMIP 实体的 PDU 对应各种 request 原语进行定义,而由服务应答方 CMIP 实体发给服务请求方 CMIP 实体的 PDM 对应各种 response 原语进行定义。PDU 的作用是按照原先定义的格式和数据类型传递服务原语及其参数。CMIP 的 PDU 格式是在 ROSE PDU 格式基础上定义的,目的是为了便于在通信时向 ROSE PDU 进行映射。其一般格式如图 2-6 所示。

| Invoke ID | Operation Value | BOC/MOC | BOI/MOI | Information |

图 2-6　PDU 格式图

从上图可见,PDU 由若干字段构成,各个字段具有确定的数据类型。一个管理者和一个代理者建立了联系以后,可能会进行多个管理操作,例如发出多个 M-GET. req 请求,读取多个对象的属性值。由于请求和应答是异步进行的,先发出的请求不一定先得到应答,所以每个 PDU 都需要一个 Invoke ID,以使 response PDU 与它的 request PDU 相对应;Operation Value 用来区分不同的服务;BOC/MOC 和 BOI/MOI 这两个字段是用来传递服务原语中对应的参数,由于所有的服务都含有这两个参数,所以这两个字段在所有的 PDU 中都包含;服务原语中除了启动方标识外,其他的都包含在 Information 字段中。

CMIP 为对应的网络管理协议,它规定了管理者与代理 CMISE 间的通信规则,定义了 CMISE 间传输的 PDU 的结构和编码方式。CMIP 对应的功能模块原语为:指示、请求、证实和响应。

CMIP 适用于安全性较高的大型的电信网络管理,它已经涉及这些方面的研究,但没有被广泛实现。

2.3　SNMP 网络管理模型

SNMP(Simple Network Management Protocol,简单网络管理协议)是 IETF(Internet Engineering Task Force,互联网工程任务组)专门制定用于互联网监视和控制的网络管理信息交互协议。与 CMIP 的复杂全面相反,SNMP 因其简单、易于实现,在因特网领域取得了巨大的成功。SNMP 基于 TCP/IP 协议族,传输层采用无连接的 UDP,以达到简单高效的目的。最初 SNMP 应用于互联网,由于该环境对通信可靠性要求性比较低,SNMP 很快被广泛地采用。当 SNMP 应用于电信领域时,其安全缺陷成为了不得不面对的问题。

总的来说 SNMP 的特点有三个。

(1) 在传输层采用无连接的 UDP。

(2) SNMP 使用基于通知的轮询机制。

(3) 包含的管理命令和响应有限(以 SNMPv3 为例,服务原语包括:Get,获取;GetNext,获取下一个;Set,设置;Trap,陷阱;GetBulk,批量获取;Information,信息)。

简单网络管理协议共有 3 个版本。SNMP 从 20 世纪 90 年代开始研发,其前身是 SGMP(Simple Gateway Monitoring Protocol,简单网关监控协议)。历时 3 年,SNMP 的第一个版本 SNMPv1 诞生了。虽然是一个完备的体系,但 SNMPv1 也存在弊端,例如其安全性不够好,在应用过程中暴露出来明显的缺陷。在此之后 IETF 在协议本身和安全性方面对 SNMP 作了改进,得到了 SNMPv2,且有多个版本,其中只有 SNMPv2c 被广泛应用。虽是如此,SNMPv2c 在安全方面仍然略显不足。此后的 SNMPv3 专门针对网络安全和访问控制机制对 SNMPv2 做了加强。基于综合考虑,推荐使用已经成熟的 SNMPv3。

SNMP 和字节使用 SMI 直接描述被管对象的语法和语义。它通过定义对象特性和对象标识符来定义被管对象,并组成管理信息库(MIB)。SMI 与 SNMP 没有直接联系,两者的使用不被其版本号所限制。

2.3.1 SNMP 网络管理体系结构

1. 网络管理体系结构组成

SNMP 的网络管理模型包括以下关键元素:管理站、代理者、管理信息库、网络管理协议。管理站一般是一个分立的设备,也可以利用共享系统实现。管理站作为网络管理员与网络管理系统的接口,它的基本构成有如下几部分。

① 一组具有分析数据、发现故障等功能的管理程序。

② 一个用于网络管理员监控网络的接口。

③ 将网络管理员的要求转变为对远程网络元素的实际监控的能力。

④ 一个从所有被管网络实体的 MIB 中抽取信息的数据库。

网络管理系统中另一个重要元素是代理者。装备了 SNMP 的平台,如主机、网桥、路由器及集线器均可作为代理者工作。代理者对来自管理站的信息请求和动作请求进行应答,并随机地为管理站报告一些重要的意外事件。

与 CMIP 体系相同,网络资源也被抽象为对象进行管理。但 SNMP 中的对象是表示被管资源某一方面的数据变量。对象被标准化为跨系统的类,对象的集合被组织为管理信息库(MIB)。MIB 作为设在代理者处的管理站访问点的集合,管理站通过读取 MIB 中对象的值来进行网络监控。管理站可以在代理者处产生动作,也可以通过修改变量值改变代理者处的配置。

管理站和代理者之间通过网络管理协议通信,SNMP 通信协议主要包括以下能力。

Get:管理站读取代理者处对象的值。

Set:管理站设置代理者处对象的值。

Trap:代理者向管理站通报重要事件。

在标准中,没有特别指出管理站的数量及管理站与代理者的比例。一般地,应至少要有两个系统能够完成管理站功能,以提供冗余度,防止故障。另一个实际问题是一个管理站能带动多少代理者。只要 SNMP 保持它的简单性,这个数量可以高达几百。

2. SNMP 基本体系结构

SNMP 为应用层协议,是 TCP/IP 协议族的一部分。它通过用户数据报协议(UDP)来操作。在分立的管理站中,管理者进程对位于管理站中心的 MIB 的访问进行控制,并提供网络管理员接口。管理者进程通过 SNMP 完成网络管理。SNMP 在 UDP、IP 及有关的特殊网络协议(如 Ethernet,FDDI,X.25)之上实现。

每个代理者也必须实现 SNMP、UDP 和 IP。另外,有一个解释 SNMP 的消息和控制代理者 MIB 的代理者进程。

图 2-7 描述了 SNMP 的协议环境。从管理站发出 3 类与管理应用有关的 SNMP 的消息 GetRequest、GetNextRequest、SetRequest。3 类消息都由代理者用 GetResponse 消

息应答,该消息被上交给管理应用。另外,代理者可以发出 Trap 消息,向管理者报告有关 MIB 及管理资源的事件。

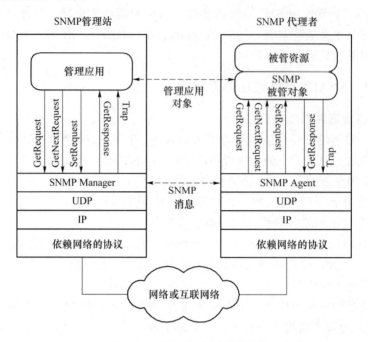

图 2-7　SNMP 基本体系结构

由于 SNMP 依赖 UDP,而 UDP 是无连接型协议,所以 SNMP 也是无连接型协议。在管理站和代理者之间没有在线的连接需要维护。每次交换都是管理站和代理者之间的一个独立的传送。

3. 陷阱引导轮询技术(Trap-Directed Polling)

如果管理站负责大量的代理者,而每个代理者又维护大量的对象,则靠管理站及时地轮询所有代理者维护的所有可读数据是不现实的。因此管理站采取陷阱引导轮询技术对 MIB 进行控制和管理。

所谓陷阱引导轮询技术是:在初始化时,管理站轮询所有知道关键信息(如接口特性、作为基准的一些性能统计值,如发送和接收的分组的平均数)的代理者。一旦建立了基准,管理站将降低轮询频度。相反地,由每个代理者负责向管理站报告异常事件。例如,代理者崩溃和重启动、连接失败、过载等。这些事件用 SNMP 的 trap 消息报告。

管理站一旦发现异常情况,可以直接轮询报告事件的代理者或它的相邻代理者,对事件进行诊断或获取关于异常情况的更多的信息。

陷阱引导轮询可以有效地节约网络容量和代理者的处理时间。网络基本上不传送管理站不需要的管理信息,代理者也不会无意义地频繁应答信息请求。

4. 代管(Proxies)体系结构

利用 SNMP 需要管理站及其所有代理者支持 UDP 和 IP。这限制了在不支持 TCP/IP 协议的设备(如网桥、调制解调器)上的应用。并且,大量的小系统(PC、工作站、可编程控制器)虽然支持 TCP/IP 协议,但不希望承担维护 SNMP、代理者软件和 MIB 的负担。

为了容纳没有装载 SNMP 的设备,SNMP 提出了代管的概念。在这个模式下,一个 SNMP 的代理者作为一个或多个其他设备的代管人。即,SNMP 代理者为托管设备 (Proxied Devices)服务。

图 2-8 显示了常见的 SNMP 代管体系结构。管理站向代管代理者发出对某个设备的查询。代管代理者将查询转变为该设备使用的管理协议。当代理者收到对一个查询的应答时,将这个应答转发给管理站。类似地,如果一个来自托管设备的事件通报传到代理者,代理者以陷阱消息的形式将它发给管理站。

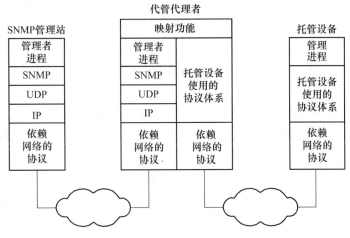

图 2-8　SNMP 代管体系结构

2.3.2　SNMP 网络管理模型

SNMP 网络管理模型中也通过对被管对象的定义来实现管理信息模型,但 SNMP 中的被管对象定义比 OSI 中要简单,只有数据类型和访问控制特性,给 SNMP 的实现带来了便利,所有被管对象逻辑上组成管理信息库 MIB。

管理信息库 MIB 是对通过网络管理协议可以访问信息的精确定义。在 RFC 1052 中,IAB 建议优先定义一个用于 SNMP 和 CMS/CMIP 的扩展 MIB。MIB 使用一个层次型、结构化的形式,定义了一个设备可获得的网络管理信息。每个设备为了和标准的网络管理协议一致,必需使用 MIB 中定义的格式显示信息。MIB 包括了所有对象列表,这些对象均与指示对象类型的 OBJECT IDENTIFIER 相关。MIB 的结构是树形结构,有两种方式可以访问 MIB 中对象的值,一种是快速访问,另一种慢速访问,快速访问时只用输入一些数据,慢速访问时要加上其他信息。

1. 管理信息结构

SNMP 的规范 SMI 为定义和构造 MIB 提供了一个通用的框架。同时也规定了可以在 MIB 中使用的数据类型,说明了资源在 MIB 中怎样表示和命名。SMI 的基本指导思想是追求 MIB 的简单性和可扩充性。因此,MIB 只能存储简单的数据类型:标量和标量的二维矩阵。我们将看到 SNMP 只能提取标量,包括表中的单独的条目。

SMI 避开复杂的数据类型是为了降低实现的难度和提高互操作性。但在 MIB 中不可避免地包含厂家建立的数据类型,如果对这样的数据类型的定义没有严格的限制,互操作性也会受到影响。

为了提供一个标准的方法来表示管理信息,SMI 必须做到以下几点。

① 提供一个标准的技术定义 MIB 的具体结构。

② 提供一个标准的技术定义各个对象,包括句法和对象值。

③ 提供一个标准的技术对对象值进行编码。

(1) MIB 结构

SNMP 中所有的被管对象都被排列在一个树型结构之中。处于叶子位置上的对象是实际的被管对象,每个实际的被管对象表示某些被管资源、活动或相关信息。树型结构本身定义一个将对象组织到逻辑上相关的集合之中的方法。

MIB 中的每个对象类型都被赋予一个对象标识符(OBJECT IDENTIFIER),以此来命名对象。另外,由于对象标识符的值是层次结构的,因此命名方法本身也能用于确认对象类型的结构。

对象标识符是能够唯一标识某个对象类的符号,它的值由一个整数序列构成。被定义的对象的集合具有树型结构,树根是引用 ASN.1 标准的对象。从对象标识符树的树根开始,每个对象标识符成分的值指定树中的一个弧。从树根开始,第一级有 3 个节点:iso、ccitt、joint-iso-ccitt。在 iso 节点下面有一个为"其他组织"使用的子树,其中有一个美国国防部的子树(dod)。SNMP 在 dod 之下设置一个子树用于 Internet 的管理,如下所示:

internet OBJECT IDENTIFIER ::= { iso (1) org (3) dod (6) 1 }

因此,internet 节点的对象标识符的值是 1.3.6.1。这个值作为 internet 子树的下级节点标识符的前缀。

SMI 在 internet 节点之下定义了 4 个节点。

① directory 为与 OSI 的 directory 相关的将来的应用保留的节点。

② mgmt 用于在 IAB 批准的文档中定义的对象。

③ experimental 用于标识在 Internet 实验中应用的对象。

④ private 用于标识单方面定义的对象。

mgmt 子树包含 IAB 已经批准的管理信息库的定义。现在已经开发了两个版本的 MIB:mib-1 和它的扩充版 mib-2。二者子树中的对象标识符是相同的,因为在任何配置中,只有一个 MIB。

MIB 中的 mib-1 或 mib-2 以外的对象可以用以下方法定义。

① 由一个全新的修订版(如 mib-3)来扩充或取代 mib-2。

② 可以为特定的应用构造一个实验 MIB。这样的对象随后会被移到 mgmt 子树之下。例如定义包含各种传输媒体的 MIB(例如为令牌环局域网定义的 MIB)。

③ 专用的扩充可以加在 private 子树之下。

private 子树目前只定义了一个子节点 enterprises,用于厂商加强对自己设备的管理,与用户及其他厂商共享信息。在 enterprises 子树下面,每个注册了 enterprise 对象标识符的厂商有一个分支。

internet 节点之下分为 4 个子树的做法为 MIB 的进化提供了很好的基础。通过对新对象的实验,厂商能够在其被接受为 mgmt 的标准之前有效地获得大量的实际知识。因此这样的 MIB 既是对管理符合标准的对象直接有效的,对适应技术和产品的变化也是灵活的。这一点也反映了 TCP/IP 协议的如下特性:协议在成为标准之前进行大量的实验性的使用和调测。MIB 树结构如图 2-9 所示,MIB 对象描述如表 2-1 所示。

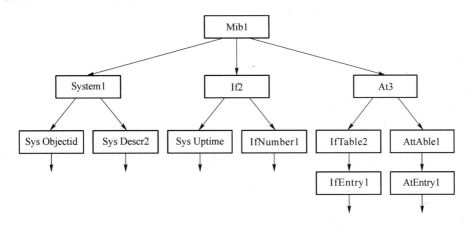

图 2-9 MIB 树结构

表 2-1 MIB- Ⅱ 中的对象

值名	对象名	对象标识符 OID	对象描述
System 组	SysDescr	.1.3.6.1.2.1.1.1	系统的描述
	SysUptime	.1.3.6.1.2.1.1.3	系统自上次启动运行了多长时间
	SysName	.1.3.6.1.2.1.1.5	系统的名字
Interfaces 组	IfNumber	.1.3.6.1.2.1.2.1	端口数量
	IfIndex	.1.3.6.1.2.1.2.1.1	端口的序号
	IfDescr	.1.3.6.1.2.1.2.1.2	端口的名字
	IfSpeed	.1.3.6.1.2.1.2.1.5	端口的带宽
	IfInOctets	.1.3.6.1.2.1.2.1.10	端口接收到的字节数
	IfInDiscards	.1.3.6.1.2.1.2.1.13	端口丢弃的输入包数
	IfInErrors	.1.3.6.1.2.1.2.1.14	包含错误的输入包数
	IfOutOctets	.1.3.6.1.2.1.2.1.16	端口发送的字节数
	IfOutDiscards	.1.3.6.1.2.1.2.1.19	端口丢弃的输出包数
	IfOutErrors	.1.3.6.1.2.1.2.1.20	包含错误的输出包数
	IfperStatus	.1.3.6.1.2.1.2.1.8	端口的运行状态
	IfAdminStatus	.1.3.6.1.2.1.2.1.7	端口的管理状态
	IfInUcastPkts	.1.3.6.1.2.1.2.1.11	端口输入的单播包数
	IfInNUcastPkts	.1.3.6.1.2.1.2.1.12	端口输入的非单播包数
	IfOutUcastPkts	.1.3.6.1.2.1.2.1.17	端口输出的单播包数
	IfOutNUcastPkts	.1.3.6.1.2.1.2.1.18	端口输出的非单播包数
IP 组	IpAdEntAddr	.1.3.6.1.2.1.4.20.1.1	IpAddrEntry 的 IP 地址
	IpAdEntIfIndex	.1.3.6.1.2.1.4.20.1.2	IpAddrEntry 的对应端口号

SNMP MIB 对象的定义是十分严格的,定义指定了对象的数据类型、允许的形式、取值范围和与其他 MIB 对象的关系。ASN.1(Abstract Syntax Notation One:抽象语法定义)定义方法用来定义每个对象,同时也定义整个 MIB 结构。

MIB 有两种不同对象数据结构:通用类型和专用类型,通用类型指的是整数、字符串、空值、对象标识、序列和序列号;专用类型是指网络地址、IP 地址、计数器、标准等。

若要定义对象自身,必须使用 ASN.1。下面是一个基本的定义结构:

```
<模块名> DEFINITIONS ::=
    BEGIN
        EXPORTS
        IMPORTS
        AssignmentList
    End
```

（2）对象句法

SNMP MIB 中的每个对象都由一个形式化的方法定义,说明对象的数据类型、取值范围以及与 MIB 中的其他对象的关系。各个对象以及 MIB 的整体结构都由 ASN.1 描述法定义。为了保持简单,只利用了 ASN.1 的元素和特征的一个有限的子集。

UNIVERSAL 类型:ASN.1 的 UNIVERSAL 类由独立于应用的通用数据类型组成。其中只有以下数据类型被允许用于定义 MIB 对象:

- INTEGER(UNIVERSAL 2)
- OCTET STRING(UNIVERSAL 4)
- NULL(UNIVERSAL 5)
- OBJECT IDENTIFIER(UNIVERSAL 6)
- SEQUENCE,SEQUENCE OF(UNIVERSAL 16)

前 3 个是构成其他对象类型的基本类型。

OBJECT IDENTIFIER 唯一标识对象的符号,由一个 INTEGER 序列组成,序列中的 INTEGER 被称为子标识符。对象标识符的 INTEGER 序列从左到右,定义了对象在 MIB 树型结构中的位置。

SEQUENCE 和 SEQUENCE OF 用于构成表。

APPLICATION-WIDE 类型:ASN.1 的 APPLICATION 类由与特定的应用相关的数据类型组成。每个应用,包括 SNMP,负责定义自己的 APPLICATION 数据类型。在 SNMP 已经定义了以下数据类型。

- NetworkAddress:该类型用 CHOICE 结构定义,允许从多个协议族的地址格式中进行选择。目前,只定义了 IpAddress 一种地址格式。
- IpAddress:IP 格式的 32 位地址。
- Counter:只能做增值不能做减值运算的非负整数。最大值被设为 $2^{32}-1$,当达到最大值时,再次从 0 开始增加。
- Gauge:可做增值也可做减值运算的非负整数。最大值被设为 $2^{32}-1$,当达到最大值时被锁定,直至被复位(Reset)。

- TimeTicks：从某一参照时间开始以百分之一秒为单位计算经历的时间的非负整数。当 MIB 中定义的某个对象类用到这个数据类型时，参照时间在该对象类的定义中指出。
- Opaque：该数据类型提供一个传递任意数据的能力。数据在传输时被作为 OCTET STRING 编码。被传递的数据本身可以是由 ASN.1 或其他句法定义的任意的格式。

（3）定义对象

管理信息库由一个对象的集合构成，每个对象都有一个型和一个值。型是对被管对象种类的定义，因此型的定义是一个句法描述。对象的实例是某类对象的一个具体实现，具有一个确定的值。

怎样定义 MIB 中的对象呢？ASN.1 是将被使用的描述法。ASN.1 中包含一些预定义的通用类型，也规定了通过现有类型定义新类型的语法。定义被管对象的一个可选方法是定义一个被称为 Object 的新类型。这样，MIB 中所有的对象都将是这种类型的。这个方法在技术上是可行的，但会产生定义不便于应用的问题。我们需要多种值的类型，包括 Counter、Gauge 等等。另外，MIB 支持二维表格或矩阵的定义。因此，一个通用的对象类型必须包含参数来对应所有这些可能性和选择性。

另一个更有吸引力的方法，并且也是被 SNMP 所实际采用的方法是利用宏（Macro）对在被管对象定义中相互关联的类型进行集合定义。一个宏的定义给出相关类型集合的句法，而宏的实例定义一个特定的类型。因此定义被分为以下等级。

- 宏：定义合法的宏实例，即说明相关集合类型的句法。
- 宏实例：通过为宏定义提供实际参数生成实例，即说明一个特定的类型。
- 宏实例值：用一个特定的值来表示一个特定的实体。

OBJECT-TYPE 宏的定义（引自 RFC 1212），其中的主要项目如下。

- SYNTAX：对象类的抽象句法，该句法必须从 SMI 的对象句法类型中确定一种类型。
- ACCESS：定义通过 SNMP 或其他协议访问对象实例的方法。Access 子句定义该对象类型支持的最低等级。可选的等级有：read-only、read-write、write-only 和 not-accessible。
- STATUS：指出该对象在实现上的要求。要求可以是：mandatory（必须）、optional（可选）、deprecated（恳求——必须实现的对象，但很可能在新版 MIB 中被删除）和 obsolete（废除——不再需要被管系统实现的对象）。
- DescrPart：对象类型语义的文本描述。该子句是可选的。
- ReferPart：对定义在其他 MIB 模块中的某个对象的文本型交叉引用。该子句是可选的。
- IndexPart：用于定义表。该子句只是在对象类型对应表中的"行"时才出现。
- DefValPart：定义一个默认值，用于建立对象实例。该子句是可选的。
- VALUE NOTATION：指出通过 SNMP 访问该对象时使用的名字。

由于应用 OBJECT-TYPE 宏的 MIB 的完整的定义包含在 MIB 的冗长的文档中，因此,人们并不常使用它们。比较常用的是更简捷的方法——基于树型结构和对象特性的表格表示的方法。

（4）定义表格

SMI 只支持一种数据结构化方法:标量值条目的二维表格。表格的定义用到 ASN.1 的 SEQUENCE 和 SEQUENCE OF 两个类型和 OBJECT-TYPE 宏中的 IndexPart。

表格定义方法可以通过实例进行说明。考虑对象类型 tcpConnTable,这个对象包含由相应的被管实体维护的 TCP connections 的信息。对于每个这样的 connection,以下信息在表中存储。

- state:TCP connection 的状态。
- local address:该 connection 的本端的 IP 地址。
- local port:该 connection 的本端的 TCP 端口。
- remote address:该 connection 的另一端的 IP 地址。
- remote port:该 connection 的另一端的 TCP 端口。

需要注意的是,tcpConnTable 是存放在某个被管系统维护的 MIB 中。因此,tcpConnTable 中的一个条目对应被管系统中的一个 connection 的状态信息。TCP connection 的状态信息有 22 个项目,按照 tcpConnTable 的定义,只有上述 5 个项目对网络管理者来说是可见的。这也体现了 SNMP 强调保持网络管理简单性的特点。即,在被管对象中,只包含相对应的被管实体的有限的和有用的信息。图 2-10 给出了 tcpConnTable 的定义(引自 RFC 1213)。

```
tcpConnTable OBJECT-TYPE                              TcpConnEntry ::=
    SYNTAX   SEQUENCE OF TcpConnEntry                     SEQUENCE {
    ACCESS   not-accessible                                   tcpConnState
    STATUS   mandatory                                            INTEGER,
    DESCRIPTION                                              tcpConnLocalAddress
            "A table containing TCP connection-specific          IpAddress,
            information."                                    tcpConnLocalPort
    ::= { tcp 13 }                                                INTEGER (0..65535),
                                                             tcpConnRemAddress
tcpConnEntry OBJECT-TYPE                                          IpAddress,
    SYNTAX   TcpConnEntry                                    tcpConnRemPort
    ACCESS   not-accessible                                       INTEGER (0..65535)
    STATUS   mandatory                                   }
    DESCRIPTION
            "Information about a particular current TCP
            connection.  An object of this type is transient,
            in that it ceases to exist when (or soon after)
            the connection makes the transition to the CLOSED
            state."
    INDEX   { tcpConnLocalAddress,
              tcpConnLocalPort,
              tcpConnRemAddress,
              tcpConnRemPort }
    ::= { tcpConnTable 1 }
```

图 2-10   tcpConnTable 的定义

在图 2-10 中,可以看到 SEQUENCE 和 SEQUENCE OF 在定义表格时的应用。

- 整 个 表 由 一 个 SEQUENCE OF TcpConnEntry 构 成。ASN.1 的 结 构 SEQUENCE OF 由一个或多个相同的元素构成,在本例中(在所有的 SNMP SMI 的情况下)每个元素是表中的一行。

- 每一行由一个指定了 5 个标量元素的 SEQUENCE 构成。ASN.1 的结构

SEQUCECE 由固定数目的元素组成,元素的类型可以是多种。尽管 ASN.1 允许这些元素是可选的,但 SMI 限制这个结构只能使用"mandatory"元素。在本例中,每一行所包含的元素的类型是 INTEGER,IpAddress,INTEGER,IpAddress,INTERGE。

tcpConnEntry 定义中的 INDEX 成分确定哪个对象值将被用于区分表中的各行。在 TCP 中,一个 socket (IP 地址,TCP 端口)可以支持多个 connection,而任意一对 sockets 之间同时只能有一个 connection。因此为了明确地区分各行,每行中的后 4 个元素是必要的,也是充分的。

2. MIB-Ⅱ

在 TCP/IP 网络管理的建议标准中,提出了多个相互独立的 MIB,其中包含为 Internet 的网络管理而开发的 MIB-Ⅱ。鉴于它在说明标准 MIB 的结构、作用和定义方法等方面的重要性和代表性,有必要对其进行比较深入的讨论。

MIB-Ⅱ是在 MIB-Ⅰ的基础之上开发的,是 MIB-Ⅰ的一个超集。MIB-Ⅱ组被分为以下分组。

- system:关于系统的总体信息;
- interface:系统到子网接口的信息;
- at (address translation):描述 internet 到 subnet 的地址映射;
- ip:关于系统中 IP 的实现和运行信息;
- icmp:关于系统中 ICMP 的实现和运行信息;
- tcp:关于系统中 TCP 的实现和运行信息;
- udp:关于系统中 UDP 的实现和运行信息;
- egp:关于系统中 EGP 的实现和运行信息;
- dot3(transmission):有关每个系统接口的传输模式和访问协议的信息;
- snmp:关于系统中 SNMP 的实现和运行信息。

2.3.3　SNMP 网络管理通信模型

SNMP 通信模型对 SNMP 支持的操作、对象访问控制、实例标识、SNMP 消息进行了定义,下面针对这些内容进行详细说明。

1. SNMP 支持的操作

SNMP 只支持对变量的检查和修改的操作,具体地,可以对标量对象进行以下三种操作。

① Get:管理站从被管理站提取标量对象值。

② Set:管理站更新被管理站中的标量对象值。

③ Trap:被管理站向管理站主动地发送一个标量对象值。

MIB 的结构不能通过增加或减少对象实例被改变,并且,访问只能对对象标识树中的叶子对象进行。这些限制大大简化了 SNMP 的实现,但同时也限制了网络管理系统的能力。

2. 对象访问控制

网络管理是一种分布式的应用。与其他分布式的应用相同,网络管理中包含由一个应用协议支持的多个应用实体的相互作用。在 SNMP 网络管理中,这些应用实体就是采用 SNMP 的管理站应用实体和被管理站的应用实体。

SNMP 网络管理具有一些不同于其他分布式应用的特性,它包含一个管理站和多个被管理站之间一对多的关系。即,管理站能够获取和设置各管理站的对象,能够从各被管理站中接收陷阱信息。因此,从操作或控制的角度来看,管理站管理着多个被管理站。同时,系统中也可能有多个管理站,每个管理站都管理所有的或一部分被管理站。

反过来,我们也要看到 SNMP 网络管理中还包含另外一种一对多的关系——一个被管理站和多个管理站之间的关系。每个被管理站控制着自己的本地 MIB,同时必须能够控制多个管理站对这个本地 MIB 的访问。这里所说的控制有以下三个方面。

① 认证服务:将对 MIB 的访问限定在授权的管理站的范围内。

② 访问策略:对不同的管理站给予不同的访问权限。

③ 代管服务:一个被管理站可以作为其他一些被管理站(托管站)的代管,这就要求在这个代管系统中实现为托管站服务的认证服务和访问权限。

以上这些控制都是为了保证网络管理信息的安全,即被管系统需要保护它们的 MIB 不被非法地访问。SNMP 通过共同体(Community)的概念提供了初步的和有限的安全能力。

SNMP 用共同体来定义一个代理者和一组管理者之间的认证、访问控制和代管的关系。共同体是一个在被管系统中定义的本地概念。被管系统为每组可选的认证、访问控制和代管特性建立一个共同体。每个共同体被赋予一个在被管系统内部唯一的共同体名,该共同体名要提供给共同体内的所有的管理站,以便它们在 Get 和 Set 操作中应用。代理者可以与多个管理站建立多个共同体,同一个管理站可以出现在不同的共同体中。

由于共同体是在代理者处本地定义的,因此不同的代理者处可能会定义相同的共同体名。共同体名相同并不意味着共同体有什么相似之处,因此,管理站必须将共同体名与代理者联系起来加以应用。

(1)认证服务

认证服务是为了保证通信是可信的。在 SNMP 消息的情况下,认证服务的功能是保证收到的消息是来自它所声称的消息源。SNMP 只提供一种简单的认证模式:所有由管理站发向代理者的消息都包含一个共同体名,这个名字发挥口令的作用。如果发送者知道这个口令,则认为消息是可信的。

通过这种有限的认证形式,网络管理者可以对网络监控(Set、Trap)特别是网络控制(Set)操作进行限制。共同体名被用于引发一个认证过程,而认证过程可以包含加密和解密以实现更安全的认证。

(2)访问策略

通过定义共同体,代理者将对它的 MIB 的访问限定在了一组被选择的管理站中。通过使用多共同体,代理者可以为不同的管理站提供不同的 MIB 访问控制。访问控制包含两个方面。

① SNMP MIB 视图：MIB 中对象的一个子集。可以为每个共同体定义不同的 MIB 视图。视图中的对象子集可以不在 MIB 的一个子树之内。

② SNMP 访问模式：read-only 或 read-write。为每个共同体定义一个访问模式。

MIB 视图和访问模式的结合被称为 SNMP 共同体轮廓（Profile）。即，一个共同体轮廓由代理者处 MIB 的一个子集加上一个访问模式构成。SNMP 访问模式统一地被用于 MIB 视图中的所有对象。因此，如果选择了 read-only 访问模式，则管理站对视图中的所有对象都只能进行 read-only 操作。

事实上，在一个共同体轮廓之内，存在两个独立的访问限制——MIB 对象定义中的访问限制和 SNMP 访问模式。这两个访问限制在实际应用中必须得到协调。表 2-2 给出了这两个访问限制的协调规则。注意，对象被定义为 write-only，SNMP 也可以对其进行 read 操作。

表 2-2　MIB 对象定义中的 ACCESS 限制与 SNMP 访问模式的关系

MIB 对象定义中的 ACCESS 限制	SNMP 访问模式	
	read-only	read-write
read-only	Get 和 Trap 操作有效	
read-write	Get 和 Trap 操作有效	Get，Set 和 Trap 操作有效
write-only	Get 和 Trap 操作有效，但操作值与具体实现有关	Get，Set 和 Trap 操作有效，但操作值与具体实现有关
not-accessible	无效	

在实际应用中，一个共同体轮廓要与代理者定义的某个共同体联系起来，便构成了 SNMP 的访问策略（Access Policy）。即 SNMP 的访问策略指出一个共同体中的 MIB 视图及其访问模式。

（3）代管服务

共同体的概念对支持代管服务也是有用的。如前所述，在 SNMP 中，代管是指为其他设备提供管理通信服务的代理者。对于每个托管设备，代管系统维护一个对它的访问策略，以此使代管系统知道哪些 MIB 对象可以被用于管理托管设备和能够用何种模式对它们进行访问。

3. 实例标识

我们已经看到，MIB 中的每个对象都有一个由其在树型结构的 MIB 中所处的位置所定义的唯一的对象标识符。但是，应该注意到，MIB 树型结构给出的对象标识符在一些情况下只是对象类型的标识符，不能唯一地标识对象的实例。例如表格的对象标识符不能标识表格中各个条目。由于对 MIB 的访问是对对象实例的访问，因此各个对象实例都必须有唯一标识的方法。

（1）纵列对象

表中的对象被称为纵列对象。纵列对象标识符不能独自标识对象实例，因为表中的每一行都有纵列对象的一个实例。为了实现这类对象实例的唯一标识，SNMP 实际定义了两种技术：顺序访问技术和随机访问技术。顺序访问技术是通过利用辞典编排顺序实现的,而随机访问技术是通过利用索引对象值实现的。下面首先讨论随机访问技术。

一个表格是由零到多个行(条目)构成的,每一行都包含一组相同的标量对象类型,或称纵列对象。每个纵列对象都有一个唯一的标识符。但由于纵列对象可能有多个实例,因此纵列对象标识符并不能唯一标识它的各个实例。然而,在定义表格时,一般包含一个特殊的纵列对象 INDEX,即索引对象,它的每个实例都具有不同的值,可以用来标识表中的各行。因此,SNMP 采用将索引对象值连接在纵列对象标识符之后的方法来标识纵列对象的实例。

作为例子,我们看一下 Interfaces 组中的 IfTable。表中有一个索引对象 IfIndex,它的值是一个 1 到 IfNumber 之间的整数,对应每个接口,IfIndex 有一个唯一的值。现在假设要获取系统中第 2 个接口的接口类型 IfType。IfType 的对象标识符是 1.3.6.1.2.1.2.2.1.3。而第 2 个接口的 IfIndex 值是 2。因此对应第 2 个接口的 IfType 的实例的标识符便为 1.3.6.1.2.1.2.2.1.3.2。即将这个 IfIndex 的值作为实例标识符的最后一个子标识符加到 IfType 对象标识符之后。

(2)表格及行对象

对于表格和行对象,没有定义它们的实例标识符。这是因为表格和行不是叶子对象,因而不能由 SNMP 访问。在这些对象的 MIB 定义中,它们的 ACCESS 特性被设为 not-accessible。

(3)标量对象

在标量对象的场合,用对象类型标识符便能唯一标识它的实例,因为每个标量对象类型只有一个对象实例。但是,为了与表格对象实例标识符的约定保持一致,也为了区分对象的类型和对象实例,SNMP 规定标量对象实例的标识符由其对象类型标识符加 0 组成。

4. SNMP 消息格式

管理站和代理者之间以传送 SNMP 消息的形式交换信息。每个消息包含一个指示 SNMP 版本的版本号、一个用于本次交换的共同体名,和一个指出五种协议数据单元之一的消息类型。图 2-11 描述了这种结构。表 2-3 对其中的元素进行了说明。

Version	Community	SNMP PDU

(a) GetRequest PDU, GetNextRequest PDU, SetRequest PDU

PDU type	request-id	0	0	variable-bindings

(b) GetRequest-PDU, GetNextRequest-PDU, SetRequest-PDU

PDU type	request-id	error-status	error-index	variable-bindings

(c) Response PDU

PDU type	enterprise	agent-addr	generic-trap	specific-trap	timp-stamp	variable-bindings

(d) Trap PDU

name1	value1	name2	value2	…	name n	value n

(e) Variable-bindings

图 2-11　SNMP 消息格式

字　段	描　述
Version	SNMP 版本
Community	共同体的名字用作 SNMP 认证消息的口令
request-id	为每个请求赋予一个唯一的标识符
error-status	noError(0),tooBig(1),noSuchName(2),badValue(3),readOnly(4),genErr(5)
error-index	当 error-status 非 0 时,可以进一步提供信息指出哪个变量引起的问题
variable-bindings	变量名及其对应值清单
enterprise	生成 trap 的对象的类型
agent-addr	生成 trap 的对象的地址
generic-trap	一般的 trap 类型:coldStart（0）,warmStart（1）,linkDown（2）,linkUp（3）, authentication-Failure(4),egpNeighborLoss(5),enterprise-Specific(6)
secific-trap	特定的 Trap 代码
time-stamp	网络实体从上次启动到本 trap 生成所经历的时间

（1）SNMP 消息的发送

一般情况下,一个 SNMP 协议实体完成以下动作向其他 SNMP 实体发送 PDU。

① 构成 PDU。

② 将构成的 PDU、源和目的传送地址以及一个共同体名传给认证服务。认证服务完成所要求的变换,例如进行加密或加入认证码,然后将结果返回。

③ SNMP 协议实体将版本字段、共同体名以及上一步的结果组合成为一个消息。

④ 用基本编码规则(BER)对这个新的 ASN.1 的对象编码,然后传给传输服务。

（2）SNMP 消息的接收

一般情况下,一个 SNMP 协议实体完成以下动作接收一个 SNMP 消息。

① 进行消息的基本句法检查,丢弃非法消息。

② 检查版本号,丢弃版本号不匹配的消息。

③ SNMP 协议实体将用户名、消息的 PDU 部分以及源和目的传输地址传给认证服务。如果认证失败,认证服务通知 SNMP 协议实体,由它产生一个 trap 并丢弃这个消息;如果认证成功,认证服务返回 SNMP 格式的 PDU。

④ 协议实体进行 PDU 的基本句法检查,如果非法,丢弃该 PDU,否则利用共同体名选择对应的 SNMP 访问策略,对 PDU 进行相应处理。

（3）变量绑定

在 SNMP 中,可以将多个同类操作(Get、Set、Trap)放在一个消息中。如果管理站希望得到一个代理者处的一组标量对象的值,它可以发送一个消息请求所有的值,并通过获取一个应答得到所有的值。这样可以大大减少网络管理的通信负担。

为了实现多对象交换,所有的 SNMP 的 PDU 都包含了一个变量绑定字段。这个字段由对象实例的一个参考序列及这些对象的值构成。某些 PDU 只需给出对象实例的名字,如 Get 操作。对于这样的 PDU,接收协议实体将忽略变量绑定字段中的值。

2.3.4　SNMP 网络管理模型的发展

1. SNMPv2

1993 年,SNMP 的改进版 SNMPv2 开始发布,从此,原来的 SNMP 便被称为 SNMPv1。最初的 SNMPv2 最大的特色是增加了安全特性,因此被称为安全版 SNMPv2。但不幸的是,经过几年试用,没有得到厂商和用户的积极响应,并且也发现自身还存在一些严重缺陷。因此,在 1996 年正式发布的 SNMPv2 中,安全特性被删除。这样,SNMPv2 对 SNMPv1 的改进程度便受到了很大的削弱。

总的来说,SNMPv2 的改进主要有以下 3 个方面。

① 支持分布式管理。

② 改进了管理信息结构。

③ 增强了管理信息通信协议的能力。

SNMPv1 采用的是集中式网络管理模式,网络管理站的角色由一个主机担当,其他设备(包括代理者软件和 MIB)都由管理站监控。随着网络规模和业务负荷的增加,这种集中式的系统已经不再适应需要。管理站的负担太重,并且来自各个代理者的报告在网上产生大量的业务量。而 SNMPv2 不仅可以采用集中式的模式,也可以采用分布式模式。在分布式模式下,可以有多个顶层管理站,被称为管理服务器。每个管理服务器可以直接管理代理者。同时,管理服务器也可以委托中间管理者担当管理者角色监控一部分代理者。对于管理服务器,中间管理者又以代理者的身份提供信息和接受控制。这种体系结构分散了处理负担,减小了网络的业务量。

SNMPv2 的管理信息结构(SMI)在几个方面对 SNMPv1 的 SMI 进行了扩充。定义对象的宏中包含了一些新的数据类型。最引人注目的变化是提供了对表中的行进行删除或建立操作的规范。新定义的 SNMPv2 MIB 包含有关 SNMPv2 协议操作的基本流量信息和有关 SNMPv2 管理者和代理者的配置信息。

在通信协议操作方面,最引人注目的变化是增加了两个新的 PDU——GetBulkRequest 和 InformRequest。前者使管理者能够有效地提取大块的数据,后者使管理者能够向其他管理者发送 trap 信息。

(1) SNMPv2 网络管理框架

SNMPv2 提供了一个建立网络管理系统的框架。但网络管理应用,如故障管理、性能监测、计费等不包括在 SNMPv2 的范围内。用术语来说,SNMPv2 提供的是网络管理基础结构。

SNMPv2 本质上是一个交换管理信息的协议。网络管理系统中的每个角色都维护一个与网络管理有关的 MIB。SNMPv2 的 SMI 对这些 MIB 的信息结构和数据类型进行定义。SNMPv2 提供了一些一般的通用的 MIB,厂商或用户也可以定义自己私有的 MIB。

在配置中至少有一个系统负责整个网络的管理。这个系统就是网络管理应用驻留的地方。管理站可以设置多个,以便提供冗余或分担大网络的管理责任。其他系统担任代理者角色,代理者收集本地信息并保存,以备管理者提取。这些信息包括系统自身的数据,也可以包括网络的业务量信息。

SNMPv2 既支持高度集中化的网络管理模式,也支持分布式的网络管理模式。在分布式模式下,一些系统担任管理者和代理者两种角色,这种系统被称为中间管理者。中间管理者以代理者身份从上级管理系统接受管理信息操作命令,如果这些命令所涉及的管理信息在本地 MIB 中,则中间管理者便以代理者身份进行操作并进行应答,如果所涉及的管理信息在中间管理者的下属代理者的 MIB 中,则中间管理者先以管理者身份对下属代理者进行发布操作命令,接收应答,然后再以代理者身份向上级管理者应答。

所有这些信息交换都利用 SNMPv2 实现。与 SNMPv1 相同,SNMPv2 仍是一个简单的请求(Request)/应答(Response)型协议,但在 PDU 种类和协议功能方面对 SNMPv1 进行了扩充。SNMPv2 的配置如图 2-12 所示。

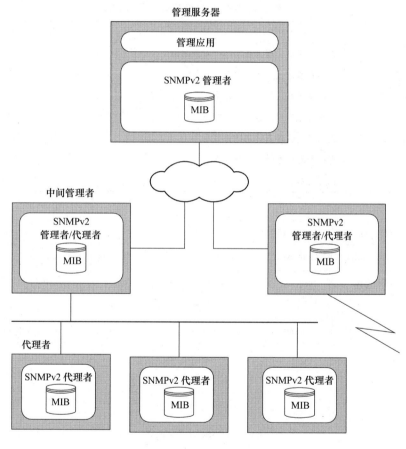

图 2-12　SNMPv2 的配置

（2）协议操作

① SNMPv2 消息

与 SNMPv1 相同,SNMPv2 以包含协议数据单元(PDU)的消息的形式交换信息。外部的消息结构中包含一个用于认证的共同体名。

SNMPv2 确定的消息结构如下:

```
Message::= SEQUENCE {
        version    INTEGER { version (1) },    // SNMPv2 的版本号为 1
```

```
        community    OCTET STRING,                    //共同体名
        data         ANY                              //SNMPv2 PDU
        }
```

2.3.3 节中对于共同体名、共同体轮廓和访问策略的讨论同样适用于 SNMPv2。

SNMPv2 消息的发送和接收过程与 2.3.3 节中描述的 SNMPv1 消息的发送和接收过程相同。

② PDU 格式

在 SNMPv2 消息中可以传送 7 类 PDU。表 2-4 列出了这些 PDU，同时指出了对 SNMPv1 也有效的 PDU。图 2.13 描述了 SNMPv2 PDU 的一般格式。

表 2-4　SNMP 协议数据单元(PDUs)

PDU	描　　述	SNMPv1	SNMPv2
Get	管理者通过代理者获得每个对象的值	○	○
GetNext	管理者通过代理者获得每个对象的下一个值	○	○
GetBulk	管理者通过代理者获得每个对象的 N 个值		○
Set	管理者通过代理者为每个对象设置值	○	○
Trap	代理者向管理者传送随机信息	○	○
Inform	管理者向代理者传送随机信息		○
Response	代理者对管理者的请求进行应答	○	○

PDU type	request-id	0	0	variable-bindings

(a) GetRequest-PDU, GetNextRequest-PDU, SetRequest-PDU,SNMPv2-Trap-PDU,InformRequest-PDU

PDU type	request-id	error-status	error-index	variable-bindings

(b) Response-PDU

PDU type	request-id	non-repeaters	max-repetitions	variable-bindings

(c) GetBulkRequest-PDU

name1	value1	name2	value2	…	name n	value n

(d) Variable-bindings

图 2-13　SNMPv2 PDU 格式

值得注意的是，GetRequest、GetNextRequest、SetRequest、SNMPv2-Trap、InformRequest 5 种 PDU 具有完全相同的格式，并且也可以看作是 error-status 和 error-index 两个字段被置零的 Response-PDU 的格式。这样设计的目的是为了减少 SNMPv2 实体需要处理的 PDU 格式种类。

2．SNMPv3

SNMPv3 是为了解决 SNMPv1 和 SNMPv2 的安全问题的，实际应用中，安全是使用 SNMPv3 的唯一出发点；没有定义新的网络管理操作、信息类型与 PDU 结构；SNMPv3 支持 SNMPv1 和 SNMPv2 的所有操作。还有几个新的约定，只是早期版本对应的数据

类型进行的更加完善的解释。

（1）SNMPv3 的变化

除了安全方面得到加强,SNMPv3 还增加了一些本文的约定、概念、术语。术语的变化比较明显。最为重要的变化是,SNMPv3 摒弃了管理端和 Agent 的叫法,两者都被称作是 SNMP 实体。每个实体都是由一个 SNMP 引擎以及一个或者多个 SNMP 应用程序组成的,下一部分将会讲到。表 2-5 列出了和 SNMPv3 相关的一些 RFC 文档。

表 2-5　SNMPv3 相关的 RFC

编号	名称
RFC 3411	SNMP 的框架体系
RFC 3412	消息的处理和发送
RFC 3413	SNMP 应用程序
RFC 3414	(USM)基于用户的安全模型
RFC 3415	(VACM)基于视图的访问控制模型
RFC 3416	SNMPv2 协议操作
RFC 3417	SNMPv2 的传输图
RFC 3418	SNMPv2 的 MIB
RFC 2576	SNMP 版本之间的联系
RFC 2570	SNMPv3 介绍
RFC 2786	DH USM 密钥管理

（2）SNMPv3 引擎

引擎标识用于唯一标识一个 SNMP 引擎。由于每个 SNMP 实体仅包含一个 SNMP 引擎,它将在一个管理域中唯一标识一个 SNMP 实体。因此,作为一个实体的 SNMPv3 代理器必须拥有一个唯一的引擎标识,即 SnmpEngineID。

引擎包括四个部分:传送器、消息处理子系统、安全子系统和访问控制子系统。传送器的任务是发送和接收消息,判断收到每个消息的版本,如果版本支持,将消息发给消息子系统,传送器也会将 SNMP 消息发送给其他的实体。消息处理子系统提供准备发送的消息,从接收到的消息中提取数据。消息处理子系统可能包括多个消息处理模块,例如:处理 SNMPv1、SNMPv2、SNMPv3 的子模块,也可能包括其他还未定义的处理模块。安全子系统提供认证和安全服务,认证用户使用 Community 或者 SNMPv3 的基于用户的认证,基于用户的认证采用 MD5 和 SHA 算法对用户进行认证,而且密码的传送采用密文的方式。加密服务采用 DES 算法对 SNMP 消息进行加密,目前 DES 是唯一采用的算法,将来也可能增加其他的算法。

访问控制子系统负责控制 MIB 对象的访问,可以控制用户访问的 MIB 对象以及允许进行的操作。例如,需要限制用户对某些对象可以进行读写操作,而对其他对象只能进行读操作。

（3）SNMPv3 应用程序

SNMPv3 的应用程序都可以分为以下几个部分。

① Command Generator

命令发生器,发出 Get,GetNext,GetBulk 以及 Set 请求和响应命令,程序在 NMS 上运行,可以调用查询和设置命令。

② Command Responder

命令响应器,负责响应 Get,GetNext,GetBulk 以及 Set 请求。运行在 Agent 上。

③ Notification Originator

通告信息产生器,发出 SNMP Traps 和 Notifications,运行在 Agent 上。

④ Notification Receiver

通告信息接收器,接收 Traps 和通告消息,运行在 NMS 上。

⑤ Proxy Forwarder

在实体之间中继消息。

SNMP 最开始是被设计用来临时管理轻量化的小型网络,协议结构比较轻便简单,有良好的扩展性,适合快速开发。随着时间的发展,SNMP 自身不断进行改进和功能扩充,如今已广泛应用于网络管理领域,得到了越来越多的设备制造商的支持。

发展到现在,SNMP 形成了 v1、v2、v3 三大版本。SNMPv2 从 SNMPv1 发展而来,增加了许多新的功能,安全性得到了一定的提高。SNMPv3 同 v1、v2 版本相比安全性最佳,定义了新的访问安全控制模型,同时在管理结构上有一定的变化,提供了更强大的网络管理功能。

2.4 TMN 网络管理模型

电信管理网 TMN(Telecommunications Management Network)是国际电联 ITU-T 借鉴 OSI 中有关系统管理的思想及技术,为管理电信业务而定义的结构化网络体系结构,TMN 基于 OSI 系统管理(ITU-U X.700/ISO 7498-4)的概念,并在电信领域的应用中有所发展。它使得网络管理系统与电信网在标准的体系结构下,按照标准的接口和标准的信息格式交换管理信息,从而实现网络管理功能。TMN 的基本原理之一就是使管理功能与电信功能分离。网络管理者可以从有限的几个管理节点管理电信网络中分布的电信设备。

2.4.1 TMN 概述

TMN 的目标是提供一个电信管理框架,采用通用网络管理模型的概念、标准信息模型和标准接口完成不同设备的统一管理。

开发 TMN 标准的目的是管理异构网络、业务和设备。TMN 通过丰富的管理功能跨越多厂商和多技术进行操作。它能够在多个网络管理系统和运营系统之间互通,并且能够在相互独立的被管网络之间实现管理互通,因而互联的和跨网的业务可以得到端到端的管理。

TMN 逻辑上区别于被管理的网络和业务,这一原则使 TMN 的功能可以分散实现。

这意味着通过多个管理系统,运营者可以对广泛分布的设备、网络和业务实现管理。

安全性和分布数据的完整性是定义一般体系结构的基本要求。TMN可以由外部信息源访问和控制,因而需要各种层次的安全机制。

TMN采用OSI管理中的面向对象的技术对组成TMN环境的资源以及在资源上执行的功能块进行描述。

从3个基本方面考虑的TMN体系结构。

- TMN功能体系结构。
- TMN信息体系结构。
- TMN物理体系结构。

2.4.2 TMN功能体系结构

1. TMN功能块

TMN功能体系结构建立在提供一般功能的多个功能块之上。功能块之间的信息传输由数据通信功能(DCF)完成。

具体地,TMN包含运营系统功能(OSF)、中介功能(MF)、数据通信功能,也部分地包含网元功能(NEF)、工作站功能(WSF)以及Q适配器功能(QAF)。TMN管理功能块间的参考点如图2-14所示。

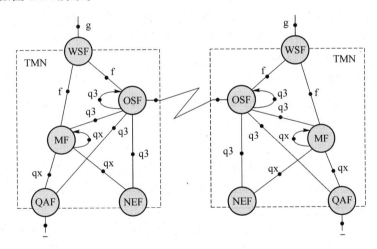

图2-14　TMN管理功能块间的参考点图示

(1) 运营系统功能(OSF)块

TMN的管理功能由OSF完成,为了进行网络和通信业务的管理,需要各类OSF。一般的分类方法是按抽象程度将OSF划分为商务、业务(客户)、网络和基层4类。商务OSF进行整个企业的商务协调。业务OSF与一个或多个网络的业务有关,一般完成用户接口任务。客户OSF是业务OSF的对等实体。网络OSF通过与基层OSF通信实现基于网络的TMN应用功能。基层OSF和网络OSF通过横跨网络的协调活动提供管理网络的功能,支持业务OSF的联网要求。基层OSF和网络OSF分担电信网基础结构的管理。在较小的网络中,可以不提供基层OSF,网络OSF将直接与NEF和MF通信。

管理功能的实现,依赖于处理大量的管理信息,因此 OSF 的具体任务是处理管理信息。

(2)网元功能(NEF)块

NEF 是为了使 NE 得到监视和控制与 TMN 进行通信的功能块。NEF 提供电信功能和管理电信网所需要的支持功能。

(3)工作站功能(WSF)块

WSF 将管理信息由 f 接口形式转换为管理信息用户可理解的 g 接口形式,向用户提供 TMN 管理信息的输入输出的手段。WSF 包括对人的接口的支持,为终端用户提供数据输入输出的一般功能,如下所示。

- 对终端的安全访问、登录。
- 识别和验证输入。
- 格式化和验证输出。
- 支持菜单、屏幕、窗口、滚动、翻页等。
- 访问 TMN。
- 提供屏幕开发工具。

(4)中介功能(MF)块

当两个需要交换信息的功能块不能接受和理解对方的信息时,需要用 MF 进行中介。MF 块主要对 OSF 和 NEF(或 QAF)之间传递的信息进行处理。

MF 块的典型功能有:协议变换、消息变换、信号变换、地址映射变换、路由选择、集线、信息过滤、信息存储以及信息选择等。

(5)Q 适配器功能(QAF)块

QAF 的作用是连接那些类 NEF 和类 OSF 的非 TMN 实体,实现 TMN 标准的信息与非 TMN 标准的信息之间的转换。

2. 参考点

参考点是非覆盖的管理功能块之间概念上的信息交换点。参考点在两个管理功能块之间定义服务边界,确定它们之间的关系,目的是规范功能块之间交换的信息。每个参考点需要不同的信息交换接口特性。

TMN 定义了 q、f、x 三类参考点。另外与 TMN 关系密切的还有在其他标准中定义的 g 和 m 两类参考点。

q 参考点:q 参考点按照各个功能共同支持的信息模型的定义,对功能块之间所交换的一部分信息进行描述。通过 q 参考点通信的功能块可以不支持信息模型的所有范围。当参考点两侧所支持的信息模型有差异时,需要利用中介功能进行补偿。

q 参考点被直接或通过 DCF 置于功能块 NEF 与 OSF、NEF 与 MF、MF 与 MF、QAF 与 MF、MF 与 OSF、QAF 与 OSF、OSF 与 OSF 之间。在 q 类参考点中:qx 参考点被置于功能块 NEF 与 MF、QAF 与 MF、MF 与 MF 之间;q3 参考点被置于功能块 NEF 与 OSF、QAF 与 OSF、MF 与 OSF、OSF 与 OSF 之间。

f 参考点:f 参考点被置于功能块 WSF 与 OSF、WSF 和 MF 之间。

x 参考点:x 参考点被置于不同的 TMN 中的 OSF 功能块之间。x 参考点外侧的实体可以是另一 TMN(OSF)的一部分,也可以是非 TMN 环境(类 OSF)。

g 参考点:g 参考点被置于 TMN 之外的人与 WSF 功能块之间。尽管 g 参考点上传送 TMN 信息,但它不被看作是 TMN 的一部分。

m 参考点:m 参考点被置于 TMN 之外的 QAF 功能块和非 TMN 被管实体之间。

3. TMN 的数据通信功能

TMN 功能块利用数据通信功能(DCF)交换信息。DCF 的主要作用是提供信息传输机制,也可以提供路由选择、中继和互通功能。

DCF 主要进行 OS 与 OS、OS 与 NE、NE 与 NE、WS 与 OS、WS 与 NE 的各模块间的信息传递。

DCF 可以由不同类型子网的通信能力支持。这些子网包括 X.25 分组交换网络、MAN、WAN、LAN、7 号信令网或 SDH 的嵌入型通信信道。对应不同的子网,需要的 DCF 的传输能力不同。当不同的子网互连时,有时需要将互通功能包含在 DCF 之中。

2.4.3 TNM 信息体系结构

TMN 的信息体系结构应用 OSI 系统管理模型,引进了管理员/代理(Manager/Agent)的概念,强调在面向事务处理的信息交换中采用面向对象技术,主要包括管理信息模型和管理信息交换模型两个方面。

管理信息模型是对网络资源的管理方面以及相关的管理行为的抽象。在信息模型中所定义的管理功能包含在 TMN 的功能模块之中。

管理信息交换包括数据通信功能 DCF 和消息通信功能 MCF,这一层的行为已涉及到通信机制,如协议栈。消息传递是管理员和代理之间,当管理员和代理之间的接口为 Q3 时,消息传递是通过公共管理信息服务元素 CMISE 和公共管理信息协议 CMIP 实现的,还可以通过文件访问管理服务 FTAM 实现管理员与代理之间的文件方式的信息交换。

信息模型中的面向对象技术是指管理系统交换的信息是根据管理对象 MO 而模型化的。MO 是被管理资源的概念视图,或系统支持的管理功能的抽象,如事件前转鉴别器(Event Forwarding Discriminator,EFD)。

一个 MO 的定义包括以下几部分。

- 在其边界内可见的属性。
- 可以对它施加的管理操作。
- 在响应管理操作或其他类型激励时所表现出来的行为,激励可以来自对象的外部,如其他对象,也可以来自对象内部,如域值的溢出。
- 对象可以发出的通知。

1. 管理员与代理

管理员、代理是基于 OSI 的系统管理模型。由于管理环境可能是分布的,系统管理是建立在分布环境上的分布应用,这就要求在管理系统和被管理资源之间存在信息交换。管理员和代理就是描述在信息交换中双方的不同作用。

管理员角色就是在系统管理中发布管理操作指令和接收被管理系统通知的应用进

程；而代理则是在系统管理中管理 MO 的应用，它响应来自管理员对 MO 的操作指令，并向管理员呈现所管理 MO 的视图，同时送出这些 MO 的通知。

图 2-15 展示了 TMN 信息体系结构中管理员、代理和管理对象的关系。

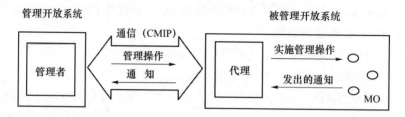

图 2-15　TMN 的信息体系结构中管理者、代理和管理对象的关系

在管理员和代理之间的接口为 Q3 的情况下，代理和管理员通过调用和响应 CMISE 中的服务，用 CMIP 实现代理与管理员之间的通信。代理对 MO 的管理操作被映射到对实际物理资源的管理操作。

2. 共享的管理知识(SMK)

TMN 功能块利用管理者与代理者关系完成管理活动。

TMN 中的一个系统可以对许多系统承担代理者角色，将它们表示为许多不同的信息模型。一个 TMN 系统也可以对许多系统承担管理者角色，按照不同的信息模型对这些系统进行处理。

为了互通，系统之间需要共享一个公共的 MIB 视图，否则至少相互理解下列信息。

(1) 支持的协议能力。

(2) 支持的管理功能。

(3) 支持的被管对象类。

(4) 可用的被管对象实例。

(5) 授权的能力。

(6) 对象之间的包含关系。

这些信息被称为共享的管理知识(SMK)。当两个功能块交换管理信息时，它们必须理解对方使用的 SMK。因此需要进行某种形式的环境协调。根据管理应用的要求、策略等，环境协调可以为静态的也可以是动态的。

3. 逻辑分层结构(LLA)

LLA 是基于层次结构的概念，上层的范围比下层宽。层次越高功能越通用，层次越低功能越特殊。

LLA 意味着将管理功能划分到各个层次，它使用递归的方法将特定的管理活动分解为一系列嵌套的功能域。每个功能域是一个在运营系统功能(OSF)控制下的管理域，因而被称为 OSF 域。一个 OSF 域可以包含其他 OSF 域而进一步分层，也可以将资源表示为该域内的被管对象。

2.4.4　TMN 物理体系结构

TMN 的物理体系模型反映的是实现 TMN 的功能所需要的各种物理配置的结构。

根据 TMN 的功能模型,确定物理实现时 TMN 功能在物理实体中的分配,以及功能实体间的通信接口。

TMN 物理体系结构中包含的元素有:运营系统(OS)、数据通信网(DCN)、中介装置(MD)、工作站(WS)、网元(NE)以及 Q 适配器(QA),其中 MD 和 QA 不是所有 TMN 的必要元素。另外,DCN 可以取 1 对 1 接续形态,也可以采用分组交换网。如果将相互接续功能嵌入装置中,则参考点表现为 Q、F、G、X 接口。TMN 物理体系结构的例子如图 2-16 所示。

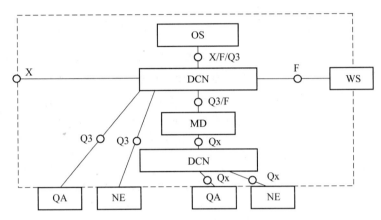

图 2-16　TMN 的物理体系结构的一个例子

1. TMN 的物理元素

(1) 运营系统(OS)

OS 是完成 OSF 的系统。OS 可以选择性地提供 MF、QAF 和 WSF。

OS 物理体系结构中包括:应用层支持程序、数据库功能、用户终端支持、分析程序、数据格式化和报表。

OS 的体系结构可以是集中式,也可以采取分布式。

(2) 中介设备(MD)

MD 是完成 MF 的设备。MD 也可以选择性地提供 OSF、QAF 和 WSF。

当用独立的 MD 实现 MF 的情况下,MD 对 NE、QA 和 OS 的接口都是一个或多个标准接口(Qx 和 Q3)。当 MF 被集成在 NE 中时,只有对 OS 的接口被指定为一个或多个标准接口(Qx 和 Q3)。

(3) Q 适配器(QA)

QA 是将具有非 TMN 兼容接口的 NE 或 OS 连接到 Qx 或 Q3 接口上的设备。一个 Q 适配器可以包含一个或多个 QAF。Q 适配器可以支持 Q3 或 Qx 接口。

(4) 数据通信网(DCN)

DCN 实现 OSI 的 1 到 3 层的功能,是 TMN 中支持 DCF 的通信网。

在 TMN 中,需要的物理连接可以由所有类型的网络,如专线、分组交换数据网、ISDN、公共信道信令网、公众交换电话网、局域网等提供。

DCN 通过标准 Q3 接口将 NE、QA 和 MD 与 OS 连接。另外,DCN 通过 Qx 接口实现 MD 与 NE 或 QA 的连接。

DCN 可以由点对点电路、电路交换网或分组交换网实现。设备可以是 DCN 专用的，也可以是共用的（例如，利用 CCSS NO.7 或某个现有的分组交换网络）。

（5）网元（NE）

NE 由电信设备构成，支持设备完成 NEF。根据具体实现的要求，NE 可以包含任何 TMN 的其他功能块。NE 具有一个或多个 Q 接口，并可以选择 F 接口。当 NE 包含 OSF 功能时，还可以具有 X 接口。一个 NE 的不同部分不一定处理同一地理位置。例如，各部分可以在传输系统中分布。

（6）工作站（WS）

WS 是完成 WSF 的系统。WS 可以通过通信链路访问任何适当的 TMN 组件，并且在能力和容量方面是不同的。然而，在 TMN 中，WS 被看作是通过 DCN 与 OS 实现连接的终端，或者是一个具有 MF 的装置。这种终端对数据存储、数据处理以及接口具有足够的支持，以便将 TMN 信息模型中具有的并在 f 参考点可利用的信息转换为 g 参考点的显示给用户的格式。这种终端还为用户配备数据输入和编辑设备，以便管理 TMN 中的对象。

在 TMN 中，WS 中不包含 OSF。如果一个实体中同时包含 OSF 和 WSF，则这个实体被看作是 OS。

2. 互操作接口概念

TMN 的各元素间要相互传递管理信息，必须用信道连接起来，并且相互通信的两个元素要支持相同的信道接口。为了简化多厂商产品所带来的通信上的问题，TMN 采用了互操作接口。

互操作接口是传递管理信息的协议、过程、消息格式和语义的集合。具有交互性的互操作接口基于面向对象的通信视图，所有被传送的消息都涉及对象处理。

互操作接口的消息提供一个一般机制来管理为信息模型定义的对象。在每个对象的定义中，含有对该对象合法的一系列操作类型。另外，还有一些一般的消息被用于多个被管对象类。

3. TMN 标准接口

NE、OS、QA、MD 之间利用标准接口相互接续。利用这些接口，可以使 TMN 的各个管理系统相互接续起来。为此，在实现 TMN 管理功能的时候，需要制定标准通信协议，对被管设备及其不依赖厂商的一般信息进行定义。

TMN 标准接口定义与参考点相对应。当需要对参考点进行外部物理连接时，要在这些参考点上应用标准接口。每个接口都是参考点的具体化，但是某些参考点可能落入设备之中因而不作为接口实现。参考点上需要传递的信息，由接口的信息模型来描述。需要注意的是，需要传递的信息往往只是参考点上能够提供的信息的一个子集。

（1）Qx 接口

Qx 接口被用在 qx 参考点。Qx 接口至少实现简单协议栈（OSI 的 1 层和 2 层）所限定的最低限度的运营、管理和维护（OAM）功能。这些功能可用于简单事件的双向信息流，如逻辑电路故障状态的变化、故障的复位、环回测试等。

要实现更多 OAM 功能,Qx 需要 3 层到 7 层之间的高层服务。

(2) Q3 接口

Q3 接口被用在 q3 参考点。Q3 接口用于实现最复杂的功能。Q3 接口利用 OSI 参考模型第 1 到第 7 层协议实现 OAM 功能。但从经济性及性能要求考虑,一部分服务(层)可以为"空"。

(3) F 接口

F 接口被应用在 f 参考点,被用于实现工作站通过数据通信网与包含 OSF、MF 的物理要素相连接的功能。

(4) X 接口

X 接口被应用在 x 参考点。它被用于两个 TMN 或一个 TMN 与另一个包含类 TMN 接口的管理网之间的互连。因此,该接口往往需要高于 Q 类接口所要求的安全性。因此,在各个联系建立之前需要进行安全检查,如口令、访问能力。

TMN 的三种体系结构,即功能体系结构、物理体系结构、信息体系结构,体现了 TMN 的设计理念和过程。以上三种体系互相区别而又相互关联。在设计 TMN 系统时,首先要确定的是该系统所要实现的管理功能,并以此建立起系统的管理功能结构。第二步,需要确定与 OSF 与 TF 或 NEF 进行交互的管理信息模型。最后,确定各个功能块如何组织在物理实体中,完成物理体系结构的设计。由此可看出,三种体系结构不仅是从不同侧面对 TMN 的分析,也是 TMN 设计的指导方针。

2.4.5　TMN 管理模型小结

自从 ITU-T 提出 TMN 的概念开始,TMN 一直在不断自我完善,不断融合先进的技术成果,是电信领域网络管理的发展趋势。在几十年的发展过程中,其体系结构、原则理念已成功应用于多种网络管理中。

TMN 的独特之处也是最大的优势在于使用统一的管理信息模型与接口的标准化。在标准化的情况下,多厂家的设备管理信息能够被统一识别,信息的有效交互也得到了保障。无论是管理者与代理交互信息的标准化、管理信息模型的标准化还是平台处理环境的标准化,都为端到端的网络管理提供了可靠的基础。

可是,TMN 也有不足之处。TMN 非常关注网元层的管理,并没有从全网的角度建立管理的模型。此外,虽然 TMN 采用管理者/代理的方式进行管理,管理者通过对代理进行操作间接对被管设备进行管理,但是无法控制不通过代理管理域内对象的通信,因此,TMN 在分布式管理方面有待加强。

但是,TMN 仍然对网络管理系统的建设起到了至关重要的指导作用,不容忽视。

第 3 章
网络管理接口

3.1　北向接口概述

随着光网络规模的发展,单纯的网元管理系统已经不能满足现有及未来网络的管理要求,需要高层次的网络管理系统来完成规模更大、更复杂的网络管理。按照 ITU-T 关于电信管理网 TMN 的体系结构,网络管理系统 NMS 位于 TMN 逻辑分层结构中的网络管理层(NML),向上为业务层的管理系统提供支撑,向下与各厂商的网络管理系统相连。网元管理系统 EMS 位于网元管理层(EML),提供单个分立的网元管理功能,这就要求网元管理系统要提供网络管理系统需要的接口。

在电信网络管理中,网络管理系统向上提供的接口一般称为北向接口(NorthBound Interface,NBI)。北向接口工作于上下两级网络管理系统之间,依托于低级网络管理系统,是低级网络管理系统的功能代理,根据上层管理的需要提供信息上报,可以看作是一个上下级网络管理系统的中介,一个数据采集和转换的通道。它是为了电信运营商更好地进行网络管理而存在的,起到了桥梁的作用。目的是为了上级网络管理系统更好地管理网络设备。主要作用有以下几个方面。

(1)通过北向接口可以对电信设备提供商提供的设备和服务进行整体的管理,可以在一定程度上有效解决多厂商问题。

(2)即使电信运营商全部使用一个电信设备提供商的设备,为了管理多个业务网络管理系统,也应该使用北向接口进行管理。

(3)通过北向接口,可以通过一个大的网络管理系统来管理各种设备/业务的网络管理系统,再由各设备/业务管理系统来管理若干个设备,实现分而治之的管理策略,以降低网络的复杂度。

(4)使用北向接口也可以实现网络管理的区域分层,例如区县级网络与市级网络之间、市级网络与省级网络之间、省级与更高级之间都可以用北向接口来相互联系,进行信息交互和业务处理。

目前,电信运营商在采购设备时,均要求设备提供商的设备网络/网元管理系统提供通用的北向接口,北向接口已经成为电信网络管理系统中不可缺少的功能。

北向接口使用的协议繁多,如 CORBA、TL1、Webservice、XML、Q3 等,这些协议各有各的特点。在系统开发过程中,协议的选择和实现是一个需要重点分析的问题,如果协议的选择不当,会造成与上下级网络管理的兼容性问题,甚至还会导致功能缺陷。

从协议发展上看,Q3 协议随着时代的发展,使用频率越来越小,以 SOAP、XML 为基础的粗粒度接口规范将成为未来的主流。而 CORBA 和 TL1 接口还要继续存在相当长的时间,因此,成熟的北向接口首先都是从 CORBA、TL1 基础上构建的。

3.2 基于 CORBA 北向接口

3.2.1 CORBA 概述

CORBA(Common Object Request Broker Architecture,公共对象请求代理体系结构)是为了实现分布式计算而引入的。为了说明 CORBA 在分布计算上有何特点,我们从它与其他几种分布计算技术的比较中进行说明。

与过去的面向过程的 RPC(Remote Procedure Call)不同,CORBA 是基于面向对象技术的,它能解决远程对象之间的互操作问题。Microsoft 的 DCOM(Distributed Component Object Model)也是解决这一问题的,但它基于 Windows 操作系统,尽管到本书编写时,DCOM 已有在其他操作系统(如 Sun Solaris、Digital Unix、IBM MVS)上的实现,但毫无疑问,只有在微软的操作系统上才会实现得更好。而只有 CORBA 是真正跨平台的,平台独立性正是 CORBA 的初衷之一。另一种做到平台无关性的技术是 Java RMI(Remote Method Invocation),但它只能用 Java 实现。CORBA 与此不同,它通过一种叫 IDL(Interface Definition Language)的接口定义语言,能做到语言无关,也就是说,任何语言都能制作 CORBA 组件,而 CORBA 组件能在任何语言下使用。

因此,可以这样理解 CORBA:一种异构平台下的语言无关的对象互操作模型。

3.2.2 CORBA 体系结构

CORBA 的体系结构如图 3-1 所示。

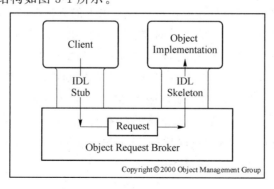

图 3-1 CORBA 体系结构

CORBA 上的服务用 IDL 描述,IDL 将被映射为某种程序设计语言(如 C++或 Java),并且分成两部分,在客户方叫 IDL Stub(桩),在服务器方叫 IDL Skeleton(骨架)。两者可以采用不同的语言。服务器方在 Skeleton 的基础上编写对象实现(Object Implementation),而客户方要访问服务器对象上的方法,则要通过客户桩。而双方又要通过而对象请求代理(Object Request Broker,ORB)总线通信。

与传统的 Client/Server 模式(我们称为 Two-Tier Client/Server)不同,CORBA 是一种 Multi-Tier Client/Server Architecture,更确切地说,是一种 Three-Tier Client/Server 模式。双重客户/服务器模式存在的问题是两者耦合太紧,它们之间采用一种私有协议通信,服务器的改变将影响到客户方。多重客户/服务器与此不同,两者之间的通信不能直接进行,而需要通过中间的一种叫代理的方式进行。在 CORBA 中这种代理就是 ORB。通过它,客户和服务器不再关心通信问题,它们只需关心功能上的实现。从这个意义上讲,CORBA 是一种中间件(Middleware)技术。

下面列出 CORBA 中的一些重要概念,或者说 CORBA 中的几个重要名词,有助于读者了解 CORBA 的一些重要的方面。

3.2.3 CORBA 中的主要概念

1. ORB

CORBA 体系结构的核心就是 ORB(Object Request Broker)。可以这样简单理解: ORB 就是使得客户应用程序能调用远端对象方法的一种机制。ORB 远程对象方法调用模型如图 3-2 所示。

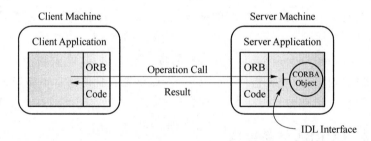

图 3-2 ORB 模型

具体来说就是:当客户程序要调用远程对象上的方法时,首先要得到这个远程对象的引用,之后就可以像调用本地方法一样调用远程对象。当发出一个调用时,实际上 ORB 会截取这个调用(通过客户 Stub 完成),因为客户和服务器可能在不同的网络、不同的操作系统上甚至用不同的语言实现,ORB 还要负责将调用的名字、参数等编码成标准的方式(称为 Marshaling)通过网络传输到服务器方(实际上在同一台机器上也如此),并通过将参数 Unmarshaling 的过程,传到正确的对象上(这整个过程叫重定向,Redirecting),服务器对象完成处理后,ORB 通过同样的 Marshaling/Unmarshaling 方式将结果返回给客户。因此,ORB 是一种功能,它具备以下能力。

(1)对象定位(根据对象引用定位对象的实现)。

(2)对象定位后,确信 Server 能接受请求。

（3）将客户方请求通过 Marshaling/Unmarshing 方式重定向到服务器对象上。

（4）如果需要，将结果以同样的方式返回。

2. IDL

IDL(Interface Definition Language,接口定义语言)是 CORBA 体系中的另一个重要概念。如果说 ORB 使 CORBA 做到与平台无关,那么 IDL 则使 CORBA 做到与语言无关。

正像其名字中显示的那样,IDL 仅仅定义接口,而不定义实现,类似于 C 中的头文件。实际上它不是真正的编程语言。要用它编写应用,需要将它映射到相应的程序设计语言上去,如映射到 C++或 Java 上去。映射后的代码叫 Client Stub Code 和 Server Skeleton Code。

IDL 的好处是使高层设计人员不必考虑实现细节而只需关心功能描述,IDL 可以说是描述性语言。设计 IDL 的过程也是设计对象模型的过程,它是编写 CORBA 应用的第一步,在整个软件设计过程中至关重要。

IDL 的语法很像 C++,当然也像 Java。很难想象一个程序设计人员是不懂 C 或 Java 的,所以,几乎所有的程序设计人员都能迅速理解 IDL。而这正是 IDL 设计者所希望的。

下面是一个 IDL 定义的简单例子:

```
// grid.idl
// IDL definition of a 2-D grid:
module simpleDemo{
interface grid {

    readonly attribute short height; // height of the grid
    readonly attribute short width; // width of the grid

    // IDL operations
    // set the element [row,col] of the grid, to value:
    void set(in short row, in short col, in long value);

    // return element [row,col] of the grid:
    long get(in short row, in short col);
};
};
```

This IDL defines an interface for a grid CORBA object that maintains a grid or 2-D array of data values, which a client can access or modify remotely.

module 类似于 Java 中包(package)的概念,实际上 module simpleDemo 映射到 Java 正是 package simpleDemo。而 interface 类似于 C++中的类(class)声明,或是 Java 中的 interface 定义。

3. Stub Code 和 Skeleton Code

Stub Code 和 Skeleton Code 是由 IDL Complier 自动生成的,前者放在客户方,后者

放在服务器方。不同厂商的 IDL Complier 生成的 Stub 和 Skeleton 会略有区别,但影响不大。

如上面的 grid. idl,编译后,Stub Code 包含以下文件:grid. java、_gridStub. java、gridHelper. java、gridHolder. java、gridOperations. java。

Skeleton Code 则包含以下文件:gridOperations. java、gridPOA. java、gridPOATie. java。

(在 Stud Code 也包含 gridOperations. java,是因为在使用 Call Back 机制时会用到。)

4. GIOP 和 IIOP

我们知道,客户和服务器是通过 ORB 交互的,那么,客户方的 ORB 和服务器方的 ORB 又是通过什么方式通信呢? 通过 GIOP(General Inter-ORB Protocol),也就是说 GIOP 是一种通信协议,它规定了两个实体——客户和服务器 ORB 间的通信机制。ORB 通信机制如图 3-3 所示。

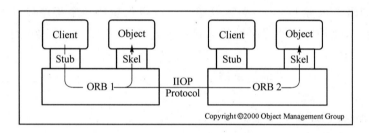

图 3-3　ORB 通信机制

GIOP 在设计时遵循以下目标:Widest possible availability、Simplicity、Scalability、Low cost、Generality、Architectural neutrality。

也就是说,GIOP 设计得尽可能简单,开销最小,同时又具有最广泛的适应性和可扩展性,以适应不同的网络。

GIOP 定义了以下几个方面。

(1) The Common Data Representation (CDR) definition

通用数据表示定义。它实际上是 IDL 数据类型在网上传输时的编码方案。它对所有 IDL 数据类型的映射都作了规定。

(2) GIOP Message Formats

它规定了 Client 和 Server 两个角色之间要传输的消息格式。主要包括 Request 和 Reply 两种消息。

一个 Request 消息有以下几部分组成:A GIOP Message Header、A Request Header、The Request Body。

相应的,一个 Reply 消息则包括:A GIOP Message Header、A Reply Header、The Reply Body。

GIOP1.1 规定 GIOP Message Header 格式如下。

```
// GIOP 1.1
struct MessageHeader_1_1 {
```

```
char magic;

Version GIOP_version;

octet flags; // GIOP 1.1 change

octet message_type;

unsigned long message_size;

};
```

Request Header 格式如下。

```
// GIOP 1.1

struct RequestHeader_1_1 {

IOP::ServiceContextList service_context;

unsigned long request_id;

boolean response_expected;

octet reserved; // Added in GIOP 1.1

sequence <octet> object_key;

string operation;

Principal requesting_principal;

};
```

Request Body 则按 CDR 规定的方式编码,它主要对方法调用的参数进行编码,方法如下。

```
double example (in short m, inout Principal p);
```

可表示成:

```
struct example_body {

short m; // leftmost in or inout parameter

Principal p; // ... to the rightmost

};
```

(3) GIOP Transport Assumptions

主要规定在任何面向连接的网络传输层上的一些操作规则。如: Asymmetrical connection usage,Request multiplexing,Overlapping requests,Connection management 等。

另外,因为 CORBA 是基于对象的,GIOP 还需定义一套 Object Location 的机制。

GIOP 因为是一种通用协议,所以不能直接使用。在不同的网络上需要有不同的实现。目前使用最广的便是 Internet 上的 GIOP,称为 IIOP(Internet Inter-ORB Protocol)。IIOP 基于 TCP/IP 协议。IIOP 消息格式定义如下:

```
module IIOP { // IDL extended for version 1.1

struct Version {

octet major;

octet minor;

};

struct ProfileBody_1_0 { // renamed from ProfileBody

Version iiop_version;

string host;

unsigned short port;

sequence <octet> object_key;

};

struct ProfileBody_1_1 {
```

```
Version iiop_version;

string host;

unsigned short port;

sequence <octet> object_key;

sequence <IOP::TaggedComponent> components;

};

};
```

5. DII 和 DSI

动态调用接口（Dynamic Invocation Interface，DII）和动态骨架接口（Dynamic Skeleton Interface，DSI)是用来支持客户在不知道服务器对象接口的情况下也能调用服务器对象。

一个增加了 DII 和 DSI 的 CORBA 调用模型如图 3-4 所示。

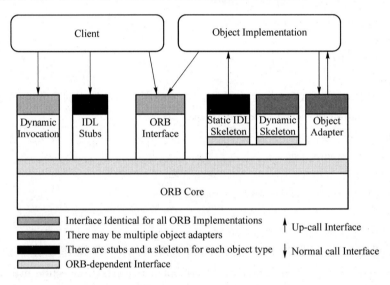

图 3-4　增加了 DII 和 DSI 的调用模型

6. Object Adapter（对象适配器）

对象适配器是 ORB 的一部分。它主要完成对象引用的生成、维护，对象定位等功能。对象适配器有各种各样。基本对象适配器（Basic Object Adapter，BOA）实现了对象适配器的一些核心功能。而可移植对象适配器（Portable Object Adapter，POA）则力图解决对象在不同厂商的 ORBs 下也能使用的问题。最新的 ORB 产品一般都支持 POA。

还有其他一些专有领域的对象适配器如 Database Object Adapter 等。

3.2.4　CORBA 北向接口实现

烽火通信 OTNM2000 网络管理系统（简称 OTNM2000)实现了兼容 TMF 标准的 EMS 北向接口来支持每个网络元素。TMF CORBA 接口是一个针对多技术、多供应商的电信网络集成管理的标准。它为简化端到端的管理和多供应商网络的预配提供了新的契机。

1. 采用的协议

OTNM2000 北向 CORBA 接口采用的协议如表 3-1 所示。

表 3-1　OTNM2000 北向 CORBA 采用的协议

TMF513 v3.0	TM Forum TMF513 Version 3.0（2004），Multi-Technology Network Management（MTNM）NML-EML Interface：Business Agreement
TMF608 v3.0	TM Forum TMF608 Version 3.0（2004），Multi-Technology Network Management（MTNM）NML-EML Interface：Information Agreement
TMF814 v3.0	TM Forum TMF814 Version 3.0（2004），Multi-Technology Network Management（MTNM）NML-EML Interface：CORBA IDL Solution Set

2．性能指标

（1）正确性指标

OTNM2000 北向 CORBA 接口的正确性指标如表 3-2 所示。

表 3-2　正确性指标

项目	说明
数据（配置数据、性能数据和告警数据）的完全性	＞98％
数据（配置数据、性能数据和告警数据）的一致性	＞98％

（2）可靠性指标

OTNM2000 北向 CORBA 接口的可靠性指标如表 3-3 所示。

表 3-3　可靠性指标

项目	说明
在压力测试环境下的无故障运行时间	7×24 小时
在工程环境下的无故障运行时间	13 140 小时
故障后的自动恢复时间	＜30 分钟

（3）处理能力指标

OTNM2000 北向 CORBA 接口的处理能力指标如表 3-4 所示。

表 3-4　处理能力指标

项目	说明
初始化时间	单盘数量＜30 000 时，启动时间＜10 分钟。单盘数量＞30 000 且＜50 000时，启动时间＜20 分钟
函数调用时间	无上报风暴时：调用单个函数且不需要下设备的时间＜5 秒；调用单个函数且需要下设备的时间＜20 秒。有上报风暴时：调用单个函数且不需要下设备的时间＜10 秒；调用单个函数且需要下设备的时间＜40 秒
上报效率	上报告警数量＞30 条/秒

项目	说明
告警上报延迟时间	<5 秒
配置上报延迟时间	<20 秒
配置 Reload 消息	单盘数量<30 000 时,启动时间<10 分钟。单盘数量>30 000 且<50 000 时,启动时间<20 分钟
忙时最大无响应时间	<7 秒
Ctrl+C 强制退出等待时间	<40 秒

3. 管理功能

(1) 会话管理功能(EmsSession)

① 支持查询厂商网络管理系统对象(EmsSession)引用,建立会话(Session)连接。通过 EmsSession 对象引用可以查询所有的 EMS 管理器。

② 支持查询指定管理器(Manager)名字的对象引用。

③ 支持查询事件通道的对象引用,以便"推"或者"拉"事件,实现事件上报服务。

④ 支持检测 CORBA 接口与 NMS 的通信状态。

(2) 网络管理系统管理功能(EMSMgr)

① 支持查询厂商网络管理系统的配置信息。

② 支持查询 EMS 及网元(ME)下(含 ME)所有符合条件的告警。

③ 支持查询所有顶层子网信息。

(3) 网元配置管理功能(ManageElementMgr)

① 支持查询 EMS 管辖的所有网元的配置信息。

② 支持查询指定网元下满足指定条件的当前告警信息。

③ 支持查询指定网元的配置信息。

④ 支持查询指定网元下物理终端的配置信息。

⑤ 支持查询指定网元下满足指定条件网元的交叉信息。

⑥ 支持查询指定终端点之下包含的满足指定条件的已做交叉连接和可做交叉连接的终端点信息。

⑦ 支持查询指定终端点的信息。

(4) 流域管理功能(FlowDomainMgr)

① 支持查询一个无连接网络中的流(相当于面向连接的网络中的子网)。主要应用于 MSTP、PTN 设备类型的业务模型中。

② 查询各个管理域下的所有虚拟网桥。在 MSTP 的业务模型中,MFD 对应虚拟网桥。

③ 支持查询各个管理域下的所有 FDFR,即 PTN 的隧道、伪线及业务。主要应用于 PTN 的业务模型中。

(5) 上报通知管理功能(Notification)

① 支持告警上报。

② 支持实体增加上报。

③ 支持实体删除上报。

④ 支持属性改变上报。

⑤ 支持保护倒换上报。

⑥ 支持性能越限时产生 TCA 上报。

⑦ 支持心跳上报。

⑧ 支持安全告警上报。

4. 组网与应用

OTNM2000 北向 CORBA 接口的组网包含两种方式：分布式接口组网和浮动式接口组网。

（1）分布式接口组网

① 场景说明

分布式接口组网是指 NMS 与 EMS 通过 DCN 进行通信，CORBA 接口与 EMS 网络管理系统同时运行于一台服务器的情况。

② 组网特点

分布式接口组网时的优势如下。

- CORBA 接口与 EMS 运行在同一台服务器中，节约服务器资源。
- 某一个 EMS 服务器或者相关服务出现问题，不会影响其他 EMS 的维护和监控，容灾能力较好。

分布式接口组网的缺点如下。

- 每个 EMS 均需要与所有的 NMS 进行连接，DCN 组网较为复杂。

③ 组网示意图

分布式接口组网示意图如图 3-5 所示。

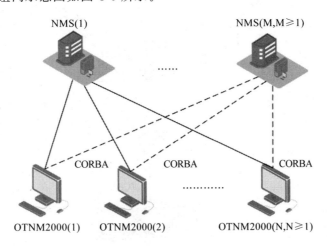

图 3-5　分布式接口组网示意图

（2）浮动式接口组网

① 场景说明

浮动式接口组网的基本原理是将多个私网 IP 地址静态地转换为一个公网 IP 和多个端口进行通信。浮动式接口的实施方案主要包括网络通信协议（TCP/IP、CORBA）、一台多宿主计算机（Multihomed Host）、被管理的私网内的 EMS 及一个公网 IP 地址。

采用浮动式接口组网时,CORBA 接口与 EMS 分别运行于不同的服务器。同时将 DCN 接入层中 m 个私网划分为一个私网集群(m≥1)。每个 EMS 产生一个接口,接口可浮动(由接口的体系结构支持)。接口集中运行在多宿主机上,在 DCN 骨干层子网段(下文简称为公网)中为每个 EML 私网集群分配一台多宿主机。主机的一个 IP 地址与 EML 私网相连,另一个 IP 地址属于骨干网 IP 地址与 NMS 相连。每台多宿主机运行多个 CORBA 接口,每个私网集群对应运行于同一台多宿主机上的一组 EML-NML 浮动式接口系统。

② 组网特点

浮动式接口组网时的优势如下。

- NMS 通过一台 CORBA 接口服务器监控 EMS,DCN 组网较为简单。

浮动式接口组网时的缺点如下。

- 多个 EMS 的 CORBA 接口运行在同一台服务器上,多个 CORBA 接口也共有同一个中间件服务。此服务器或者中间件平台出现故障时,会影响所有的 CORBA 接口的正常运行,容灾能力较差。

- 多个 CORBA 接口运行在同一台服务器上,需要占用的资源较多,会影响各个 CORBA 接口的处理效率。

③ 组网示意图

浮动式接口组网示意图如图 3-6 所示。

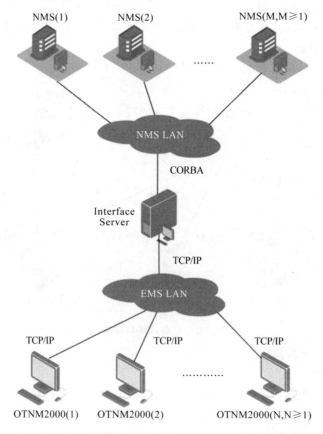

图 3-6　浮动式接口组网图

3.3　基于 TL1 北向接口

3.3.1　TL1 概述

TL1 由 Telcordia(先前的 Bellcore)定义,全称 Transaction Language-1,是一种 ASCII 型的人机(Man-Machine)交互协议,也是一种标准的电信管理协议。

在 20 世纪 80 年代中期,Bellcore 开始指定一种标准的人机语言来管理网元。这种人机语言是建立于 Z.300 系列人机语言标准的基础之上的,被称为 TL1。这项成果包括指定一种语言,同时包括一个消息集合来管理来自不同区域的电信设备。在那段时间里,Bellcore 同时也在开发一种错误管理系统 OSS(操作支持系统),作为网络监视与分析,用于各局部地区的分公司。同时,TL1 也被选定为 NMA(网络监视与分析)的要素管理协议。结果,因为 NE 要能够被 NMA 管理,TL1 的支持就变得势在必行了。

TL1 早在十年前以及后来的日子里就进军载波网络(载波网络指电力载波网络,是电力系统特有的通信方式,电力载波通信是指利用现有电力线,通过载波方式将模拟或数字信号进行高速传输的技术)了,它在 RHC 空间得到非常广泛的发展。电路开关是唯一没有使用 TL1 的。今天在北美 TL1 是大多数 SONET 和接入设备管理协议的理想选择。

3.3.2　TL1 的特点

命令行接口(Command Line Interface,CLI)是用户与操作系统或应用程序之间的一种基于文本的命令接口。它通过超级终端的串口或 Telnet 客户端,使用键盘输入控制命令来实现对系统的管理和维护,并接收系统的响应。命令行方式是嵌入式设备提供的最原始最基本的管理和控制方式。

TL1 是一种标准 CLI 接口,与其他的 CLI 接口相比,TL1 遵循约定的语法,具有固定的格式,不同的命令具有固定的格式。

(1)TL1 是一种人机语言。TL1 是一种 ASCII 文本格式的语言,因此开发人员和操作者都能够望文知义。

(2)TL1 的消息容易阅读,所以 TL1 不需要复杂的调试和协议分析器。您所看到的就是 TL1 所表达的。

(3)TL1 具有延迟激活(Delayed Activation)的功能。延迟激活是这样一种功能:请求消息可以被缓存在网元中,稍后才实际被执行,这种执行可以在定时时间到的时刻主动执行,也可以被 TL1 消息主动提前执行,当然也可以取消执行。

(4)TL1 具有主动上报功能。通过主动上报,网元可以将当前的性能、告警、或其他用户感兴趣的事件实时地、主动地上报给用户,用于监视网元的实际运行状态。

(5)TL1 具有消息的确认机制。TL1 定义了一种 Acknowledgment 消息,可以对输入命令消息进行简短的应答确认。比如,如果一个 TL1 输入消息在网元中运行的时间超过 2 秒(也即 2 秒以后网元才会对输入消息作出响应),就可以提前对这个输入消息生成一个 Acknowledgment 消息,告诉用户:您的输入消息正在被处理之中。

3.3.3　TL1 的消息类型

TL1 描述了以下四种消息类型:输入命令消息(Input Command Messages)、确认消息(Acknowledgement Messages)、响应消息(Response Messages)、自治消息(Autonomous Messages)。

(1)输入命令消息是一种由操作系统或其他资源(如管理者)发送给网元(如代理)的消息,这些消息请求网元执行某种动作。

(2)确认消息是网元发出的简短应答消息,用来表示一条输入命令消息正被执行或是已经被拒绝。由于需要确保用户能了解在发出的执行命令是否最终被网元所接收到,所以,确认消息类型是有必要存在的。

(3)响应消息对输入命令消息的详细应答(或一系列应答)消息,包括该命令消息是否成功执行消息和需要返回给操作系统/用户的任何数据。

(4)自治消息是一种由网元周期性产生的消息,或者是一种用于报告某种异常发生的消息。

1. Input Message 说明

TL1 的 Input Message 也被称为命令(Commands),用于操作网元,可以是 OSS 经由 GUI 下发,也可以通过命令行接口下发。一个命令包括下面几部分。

command_code:staging_block:payload_blocks;

TL1 Input Message 举例:

ENT-EQPT:ABC:SLOT-3:123:210198,13-12-06,23-00-00:OC3::OOS;

其中:

ENT-EQPT 是标准 TL1 命令,表示创建(ENT → Enter)一块单板(EQPT → Equipment);

ABC 表示网元 ID,指明该命令发往哪个网元,如果直接发往网关网元,可以省略,可以通过 DCC 发送到非网关网元;

SLOT-3 是命令的 ID,表示对哪个实体操作,本例中表示对 3 号槽位上创建单板;

123 是该 TL1 的一个标识符,用于将对应的响应联系起来,响应消息会返回这个标识符;

210198,13-12-06,23-00-00 表示这条命令达到网元不是立即执行,而是等到 2013 年 12 月 6 日的 23 点钟执行;

OC3 表示创建什么类型的单板;

OOS 表示创建后该单板的状态(Out Of Service or In Service);

上面的 TL1 命令可以根据纸面意思读出来:

在 ABC 网元上的 3 号槽位上创建 OC3 类型的单板到 OOS 状态,该命令要等到 2013 年 12 月 6 日的 23 点钟执行,该命令的标识符为 123。

2. Output Message 说明

TL1 的 Output Message 是由网元发出的、对于收到的 Input Message 的响应。

格式如下:

header response_id [response_block] terminator

TL1 Output message 举例:

比如对于查询单板的 TL1 命令:

RTRV-EQPT:ABC:SLOT-9:123;//查询 9 号槽位单板

如果成功地响应(查询成功):

ABC 2003-06-06 14:30:00

M 123 COMPLD

"SLOT-9:XCS:IS"

;

表示:

网元 ABC 在 2003 年 6 月 6 日 14 点半钟成功地(COMPLD)对查询命令(表示符为 123)作出了响应(M),查询的内容说明:9 号槽位为 XCS 板,一切正常(IS)。

如果失败地响应(没能查询成功):

ABC 2003-06-06 14:30:00

M 123 DENY

"ACCESS NOT SUPPORTED"

;

表示:

网元 ABC 在 2003 年 6 月 6 日 14 点半钟失败地(DENY)对查询命令(表示符为 123)作出了响应(M),查询失败(失败的错误码是 EANS,具体原因是 ACCESS NOT SUPPORTED)。

3. Acknowledgment Message 说明

TL1 Acknowledgment Message 是网元收到 Input Message 后,向 OSS 发出的一个简单确认消息,用于通知用户当前输入命令的执行状态。

格式如下:

acknowledgment_code ctag terminator

TL1 Acknowledgment Message 举例:

比如对于查询交叉连接的 TL1 命令:

RTRV-EQPT:ABC::123;   //查询网元上所有的单板

(假定这个命令由于查询的内容比较多,时间会超过 2 秒钟)。

那么在 2 秒钟的时候,网元会主动给用户一个确认消息:

IP 123 //正在处理

<

上面表示:

123 这条输入命令正在处理之中(IP),稍后会有完整的响应。

4. Autonomous Message 说明

TL1 Autonomous Message 是由网元主动发出的、不是 OSS 主动请求生成的,主要用于上报告警、性能或其他事件。

格式如下:

header auto_id [text_block] terminator

TL1 Autonomous Message 举例：

ABC 2003-06-06 14:30:00

＊C 001 REPT ALM OC3

"FAC-1-1:CR,LOS, SA,,,,:\"LOSS OF SIGNAL\""

;

上面表明：

ABC 这个网元上当前有个针对 OC3 光口的严重(＊C CR)告警，告警名称为 LOS，发生在 FAC-1-1(1 号板 1 号光口)上，该告警会影响业务(SA)。

3.3.4　TL1 北向接口实现

烽火通信 ANM2000 网络管理系统实现了基于 TL1 的北向接口用于网元管理系统 EMS 与电信运营支撑系统 OSS(Operation Support System)或电信网络管理系统 NMS (Network Management System)的对接。通过北向 TL1 接口，实现 OSS 或 NMS 对 EPON/GEPON FTTX 宽带、IPTV 和 VoIP 业务的开通和维护功能。

1．接口位置

TL1 北向接口在网络中的位置如图 3-7 所示。

图 3-7　TL1 接口在网络中的位置

图中各实体的介绍如下。

- OSS/NMS：电信业务支撑系统/网络管理系统。向 ANM2000 下发 TL1 指令，进行业务开通，故障查询等操作。
- 第三方：处于 OSS/NMS 与 EMS ANM2000 之间，将 OSS/NMS 系统指令解析为标准 TL1 格式并下发至 EMS ANM2000；同时将 EMS ANM2000 返回结果解析展现给 OSS/NMS 系统。

- TL1 北向接口:处理来自第三方解析过的 TL1 指令,对 EMS 设备进行操作,并返回结果。
- ANM2000:烽火通信公司接入网络管理系统,提供北向 TL1 接口供上级系统使用。
- NE:网络中设备,接受 EMS ANM2000 管理。

2. 功能介绍

北向 TL1 接口支持如下功能。

- 业务开通:支持 FTTB/FTTH 场景下宽带、语音、组播等业务的开通。
- 综合测试:支持对设备运行状况的查询,PON、XDSL、POTS 等端口状态的查询,进行故障排查等。
- 告警管理:支持告警的订阅、查询、过滤等功能,实现对 EMS 设备运行状态的监控。
- 资源查询:支持设备物理资源查询、业务配置查询、资源改变通知上报等。

3. 安全机制

北向 TL1 接口使用网络管理系统自身的安全机制,需要在网络管理系统上增加北向接口用户,并使用该用户进行登录。系统可同时接受的最大 TCP 连接数为 32 个。

北向 TL1 接口的安全机制包括以下两部分。

- 登录鉴权:TCP 客户端连接到北向接口后,首先需要发送 LOGIN 命令进行登录,成功后该 TCP 连接后续命令才被系统接受。其 LOGIN 的用户名和密码是为 TL1 接口专门分配的用户名密码。
- 自动断开连接:如果某 TCP 连接在 10 分钟内没有任何通信,则系统主动断开该 TCP 连接。

4. 性能指标

北向 TL1 接口系统的各项性能指标如表 3-5 所示。

表 3-5 北向 TL1 接口系统的各项性能指标

项目	指标
同时接受的最大 TCP 连接数	32 个
业务开通接口	1. 单条连接每分钟 2 个以上用户业务开通、拆机工单 2. 单条连接每分钟 4 个以上用户业务暂停、恢复、修改工单
综合测试接口	1. 内线测试、外线测试、SELT、DELT、呼入呼出仿真测试在 1 分钟内返回结果 2. 查询类命令在 5 秒内返回结果
综合告警接口	1. 正常运行情况下,告警时延小于 10 秒;告警风暴情况下,告警时延小于 30 秒 2. 1000 条告警数据同步的最大时延为 10 分钟 3. 告警吞吐量 20 条/秒以上
综合查询接口	1. 查询记录小于 500 条,时间小于 5 秒;查询记录大于 500 条,时间小于 10 秒 2. 配置数据全量导出达到 10 000 端口/分钟

5. 命令格式说明

（1）格式说明概述

命令格式：指用户输入命令的格式，执行命令时的匹配方式分为以下几种情况。

- 执行操作命令：对于所有字符串均作精确匹配。
- 执行查询命令：对于数据类型为字符串的可选参数作模糊查询，对于数据类型为字符串的必选参数作精确匹配。如果用户输入的过滤条件不能唯一标识一条记录，而是有多条记录符合查询条件，则北向接口把所有的记录以列表形式返回给用户。

响应格式：返回给用户的信息的格式，需要有相应的强制输入命令与它相联系。

注释说明：对于各种格式中出现的注释符号的说明，请参见表 3-6 注释符号说明。

表 3-6　注释符号说明

注释符号	说　明
＜　＞	封装一个标识符，例如＜int-num＞可以表示任何一个整数
（［ ］）	封装一个可选的符号或消息体
" "	封装一个字母，例如"a"表示英文字母 a，而不是一个变量标识符
（ ）	封装了一组必选的符号或消息体
*	后缀，表示当前符号或符号组出现 0 次或多次
＋	后缀，表示当前符号或符号组出现 1 次或多次
ˆ	空格
cr	回车
lf	换行
｜	用于隔开多个选项，表示只能在其中选择一项，例如 a｜b｜c 表示选择 a 或 b 或 c
∷＝	在一个语法规则里，将左右两边分开，例如＜TESTit＞∷＝（0｜1｜～｜9），表示＜TESTit＞的值是从 0 到 9（其中包括 0 和 9）中的某一个数字

（2）输入消息格式说明

输入命令消息的结构

＜command_code＞:＜staging_blocks＞:＜payload_blocks＞;

＜command code＞∷＝＜verb＞［-＜modifier＞［-＜modifier＞]]

Staging Parameter Block∷＝［＜target identifier＞]:＜access identifier(s)＞:＜ctag＞:

输入消息参数说明，请参见表 3-7 输入消息参数说明。

表 3-7　输入消息参数说明

参数名称	参数说明
command_code	命令代码，表明要进行什么操作，一般遵循以下格式： ＜verb＞［-＜modifier＞［-＜modifier＞]] 1. verb：必选参数，标明了命令的名称，一般是简单易懂描述动作类型的词汇或缩写 2. modifier：主要用于修饰输入命令，verb 可以包含两个可选的 modifier，并用"-"分开

续 表

参数名称	参数说明
staging_blocks	任务标识块,一般遵循以下格式: [＜target identifier＞]:＜access identifier(s)＞:＜ctag＞: 1. target identifier:这里不需要使用 2. access identifier:定位信息,用于标识命令作用的具体对象 3. ctag(correlation tag):命令标识号,用于输入和输出命令的匹配,响应消息与输入消息中的该值相同
payload_blocks	传递参数块,可为空,一般遵循以下格式: datablock1,datablock2… 其中,每个参数块(datablock)格式为:参数名＝参数值,采用","为间隔符

(3) 响应消息的格式说明

响应消息分为两类。

- 操作类响应消息。
- 查询类响应消息。

操作类响应消息格式

＜header＞＜response_id＞[＜response_block＞]＜terminator＞

header:: = ＜cr＞＜lf＞＜lf＞⁓＜sid＞^＜year＞－＜month＞－＜day＞^＜hour＞:＜minute＞:＜second＞

response_id:: = ＜cr＞＜lf＞M^＜ctag＞^＜completion code＞

response_block:: = ((＜cr＞＜lf＞⁓＜EN = error－code＞⁓＜ENDESC = error－description＞)

terminator:: = ＜cr＞＜lf＞(;|＞)

查询类响应消息格式

＜header＞＜response_id＞[＜response_block＞]＜terminator＞

header:: = ＜cr＞＜lf＞＜lf＞⁓＜sid＞^＜year＞－＜month＞－＜day＞^＜hour＞:＜minute＞:＜second＞

response_id:: = ＜cr＞＜lf＞M^＜ctag＞^＜completion code＞

response_block:: = ((＜cr＞＜lf＞⁓＜EN = error－code＞⁓＜ENDESC = error－description＞)|(＜cr＞＜lf＞⁓＜quoted line＞))

quoted line:: = ＜total_blocks = total－count＞＜cr＞＜lf＞⁓＜block_number = block－num＞＜cr＞＜lf＞⁓＜block_records = current－record－count＞＜cr＞＜lf＞＜result＞

result:: = ＜cr＞＜lf＞＜title＞＜cr＞＜lf＞(＜－＞ *)＜cr＞＜lf＞(＜attribs＞((＜values＞) *))(＜－＞ *)＜cr＞＜lf＞＜cr＞＜lf＞

attribs:: = ＜attrib＞((＜tab＞＜attrib＞) *)＜cr＞＜lf＞

values:: = ＜value＞((＜tab＞＜value＞) *)＜cr＞＜lf＞

terminator:: = ＜cr＞＜lf＞(;|＞)

响应参数说明:命令响应结果中的参数说明,请参见表 3-8 命令响应结果参数说明。

表 3-8　命令响应结果参数说明

参数名称	参数说明
header	消息头,所有响应消息和自动上报消息的公共部分,包括设备 ID(sid)、日期和时间,一般遵循以下格式: ＜cr＞＜lf＞＜lf＞^^^＜sid＞^＜year＞－＜month＞－＜day＞^＜hour＞:＜minute＞:＜second＞ sid:厂家名缩写_网络管理服务器 IP,取值范围: FH_IP
response_id	响应标识,一般遵循以下格式: ＜cr＞＜lf＞M^＜ctag＞^＜completion code＞ 1. ctag:命令标识号,用于输入和输出命令的匹配,响应消息与输入消息中的该值相同 2. completion code:响应完成的标识符,取值范围如下。 COMPLD:命令执行正确 DELAY:命令被延迟执行 DENY:命令执行失败 PRTL:命令被部分执行 RTRV:返回命令中已测试的测试结果,其他项目正在测试
response_block	响应消息的正文 1. EN:错误码 2. ENDESC:错误描述 3. quoted line:返回参数,当查询信息数据量过大时,北向接口将查询数据分包发送给客户端。total_blocks 表示总共有多少个数据包,block_number 表示当前包是第几个数据包,block_records 表示当前包包含多少条数据 4. title:字符串,结果的标题信息 5. attrib:字符串,属性名称 6. value:字符串,属性值。如果不支持,返回'－－'
terminator	用">"或";"表示 ">"表示数据没有结束,还有下一个数据包,等待接收; ";"表示数据全部发送结束,返回数据中只能有一个";"

（4）资源变化通知说明

资源变化上报格式如下。

＜header＞＜auto id＞＜alarm_body＞＜terminator＞

header::＝＜cr＞＜lf＞＜lf＞＜sid＞^＜year＞－＜month＞－＜day＞＜hour＞:＜minute＞:＜second＞

auto id ::＝＜cr＞＜lf＞＜almcde＞＜atag＞＜verb＞＜modifier1＞＜modifier2＞

body::＝＜cr＞＜lf＞＜attrib＞＝＜value＞((＜tab＞＜attrib＞＝＜value＞)*)＜cr＞＜lf＞

terminator::＝＜cr＞＜lf＞(;|＞)

资源变化通知中的参数说明,请参见表 3-9 资源变化通知参数说明。

表 3-9　资源变化通知参数说明

参数名称	参数说明
header	消息头,所有响应消息和自动上报消息的公共部分,包括设备 ID(sid)、日期和时间 sid:厂家名缩写_网络管理服务器 IP HW_IP ZTE_IP FH_IP
Auto id	自动上报消息的级别和状态,其中: almcde:告警级别。根据上报消息的严重程度,取值分为: 　*C(紧急告警) 　**(主要告警) 　*(次要告警) A(警告告警) atag:自动上报产生的关联标签。由网络管理系统来分配,必须是连续的,并且必须被所有的自动上报消息所包含。它可以使上级网络管理系统将自动上报消息与触发它的通常的原因联系起来,也可以用来表明上级网络管理系统是否在收到消息时发生了错误 说明: 对于资源变更通知消息,almcde 为 A verb:REPT Modifier1:RES Modifier2:资源变化类型。取值如下。 ADD/DEL/MOD_OLT:新增/删除/修改 OLT 网元 ADD/DEL/MOD_ONU:新增/删除/修改 ONU 网元 ADD/DEL_SHELF:新增/删除机框 ADD/DEL_BOARD:新增/删除板卡

(5)返回错误码定义

北向 TL1 接口返回的错误码如表 3-10 所示。

表 3-10　TL1 接口错误返回码说明

EN(error-code)	Error Type	ENDESC (error-description)
IRNE	INPUT	resource does not exist
IANE	INPUT	the alarm does not exist
IMP	INPUT	missing parameter
IIPF	INPUT	invalid parameter format
IIPE	INPUT	input parameter error
DDNS	DEVICE	device may not support this operation
DDOF	DEVICE	device operation failed

EN(error-code)	Error Type	ENDESC (error-description)
DDB	DEVICE	device is busy
SENS	SYSTEM	EMS may not support this operation
SEOF	SYSTEM	EMS operation failed
EEEH	EXCEPTION	EMS exception happens
TUB	TEST	user is busy
TUT	TEST	user is testing
TTMB	TEST	test module is busy

3.4 基于 XML 北向接口

3.4.1 XML 概述

XML(eXtensible Markup Language,可扩展标记语言)以其可扩展性、平台无关性被国际标准组织应用于电信管理网(Telecommunication Management Network,TMN)的建议中用于解决网络管理数据统一性问题。ITU-T 的 Q22/7 组已开始了 ASN.1 和 XMLSchema 映射的研究,OMG 提出的 XMI(XML Metadata Interchange)挖掘了 XML 在网络管理信息和网络管理接口方面应用的潜力。

3.4.2 XML 接口特点

网络管理接口包括通信协议栈、网络管理操作协议和管理信息模型三个要素,这三个要素各自实现网络管理接口的一部分功能,合起来实现网络管理接口的全部功能。

网络管理应用程序通过通信协议栈进行通信,通信协议栈完成端到端的通信,将消息在网络管理应用程序与设备代理之间传送。常用的通信协议栈有 TCP/IP、UDP/IP、OSI、TL1 和 RS232 等。通信协议栈的上层协议有面向连接/非面向连接、可靠/不可靠之分。一般说来,一种网络管理操作协议选用一种或几种特定的通信协议栈,按照特定通信协议栈的特点和提供的服务来设计网络管理操作协议及网络管理操作服务。

基于 XML 的网络管理接口的通信协议栈是 TCP/IP,使用 HTTP/POST 绑定(bind)SOAP(Simple Object Access Protocal,简单对象访问协议)请求。

对通过网络管理接口所传送的网络管理信息要采用适当的描述方式进行信息建模。管理信息模型是指网络管理应用程序通过网络管理接口所看到的网络设备的端口及属性、设备中运行的处理协议等的抽象表示形式。管理信息模型将网络设备中各种需要管理的属性、状态和各种操作等信息用一种抽象的数据结构表示出来。

在基于 XML 的网络管理接口中使用 XML/Schema 为管理信息进行建模。XML 源自 SGML(Standard Generalized Markup Language),是一种元标记语言,定义了一套元句法,可以用来定义不同应用领域中的数据组织和数据结构。

① 由于采用了 Unicode 而非二进制编码,XML 拥有良好的跨平台性,被广泛应用于服务描述和信息交换中。

② XML Schema 定义了一套共有的词汇及其语法来描述 XMIJ 文件的合法语义、结构和内容,可通过 XSLT(eXtensible Style Language Transforms)等技术使浏览器等处理软件遵照设计人员的要求和理解处理 XML 文件。

③ XML/Schema 名字空间利用 URI 限定 XML/Schema 文件中的标签名的方式避免了同名冲突,提高了标签名的使用效率。

④ XML 签名通过定义一个 XML 签名元素类型和一系列 XML 签名应用规则的方式,使 XML 签名可以应用于包括 XML 文件在内的任何数据对象中以避免数据对象被非法篡改。

⑤ XML 加密标准定义了一套 XML 语法来表示 XML 文件的内容加密、合法受信者解密所必需的附加信息以及加密/解密 XML 文件的标准过程,从而进一步保证了 XML 文件的安全传输。

网络管理操作协议是网络管理应用程序对管理信息模型执行操作的一些规则,如对网络设备属性的读取和更改以及对网络设备中链路的建立等。网络管理操作协议的要素包括网络管理操作请求参数的编码和传送、操作错误的返回和处理方式以及操作的种类和含义等。一般定义网络管理操作协议的同时定义网络管理操作协议之上提供的网络管理操作服务,网络管理应用程序利用网络管理操作服务来对管理信息模型进行操作。

基于 XML 网络管理接口中采用扩展 SOAP/HTTP 的网络管理操作协议,建立在 XML 上的 SOAP 定义了分布式环境中应用软件之间相互调用的方法和产生数据的标准方式,在提高服务的跨平台互操作性方面优越于成熟技术分布式组件对象模型(Distribute Component Object Model,DCOM)、组件对象模型(Component Object Model,COM)、通用对象请求代理通信体系结构(Common Object Request Broker Architecture,CORBA)而得到日益广泛的应用。

SOAP 本身并不定义编程模型、实现方式等语义内容,而是通过为传输数据提供一种标准的打包模型来统一应用语义的表达。SOAP 数字签名提出了一套利用 XML 签名在 SOAP 头元素中携带签名信息的语法和处理规则,从而在一个更高的层次上保证了 SOAP 消息的安全传输。SOAP 建立在现有技术之上,使用 HTTP 进行请求/响应消息传送,与平台完全独立。HTTP 可以连接全世界的计算机,能够穿越防火墙,是任何计算机传递消息的最简单方式。SOAP 包的消息可以用于调用某个方法,允许在 HTTP 客户端和服务器端之间传递参数、命令,具有与客户端服务器端平台、应用程序无关的特点,其参数和命令均采用统一的数据格式 XML 编码。

3.4.3 XML 接口模型

基于 XML 的网络管理接口模型如图 3-8 所示,该模型在 SOAP 的上层增加了两个服务。

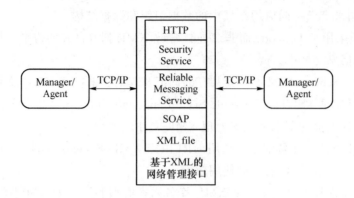

图 3-8　XML 接口模型

Security Services(安全服务)——数字签名,加密,鉴权处理。

Reliable Messaging Service(可靠消息服务)——用来控制 XML 消息的发送和确认,包括完整性检查,重新发送控制,错误通知,消息的确认等可靠性服务。

接口的设计要考虑通用性、可扩展性、保证数据传递的有效性,基于这种考虑,我们做了以下规定。

(1)公有网络管理信息接口:首先对所有的公有网络管理信息按照他们的特点进行分类、归纳和抽象,将归总的结果作为接口定义的对象,每一个抽象的类别都要定义各自的接口。接口对每一类数据规定详细的数据表示格式,然后确定每个信息域的长度范围、前后顺序关系等。最后各类网络管理信息将通过 Schema 文件的方式给定,规定数据语法解析结果和语义映射关系。这些 Schema 文件作为基于 XML 网络管理接口的公有信息模型嵌入系统中,做成静态或动态库,在实现代码中链接(Link)使用。上层应用通过对接口相关信息的理解获得数据,包括数据的值和意义。

(2)私有网络管理信息接口:对这类数据定义的粒度特别小,一旦数据的一个特征发生改变,如数据的数值类型发生改变,便要相应的 Schema 做相应的改变。

(3)消息模式:SOAP 消息从发送方到接收方是单向传送的。SOAP 消息一般会和实现模式结合(如请求/响应)。SOAP 的实现可由特殊网络系统的特有特征来优化。如通过 HttpBinding 将 SOAP 响应消息通过 HTTP 响应来传输,请求和响应使用同一连接。一个 SOAP 消息从始节点到终节点的过程中,可能沿着消息路径经过一系列 SOAP 中间节点。一个 SOAP 中间节点是一个可以接收转发 SOAP 消息的应用程序。中间节点和终节点由 URI 区分。通常,一个收到 SOAP 消息的 SOAP 应用程序必须按顺序执行下面这些操作。①识别该 SOAP 消息中所有为该应用程序设置的部分。②校验该消息在前一步中获得的被标志的部分中所有的必须处理的部分并处理它。如果这部分的内容不符合双方约定的默认定义,则丢弃该消息。③如果该 SOAP 应用程序不是该消息的最终目的地,则删除所有第一步中识别出的部分,如果有必要的话,附加上处理的结果部分,并转发该消息。

(4)大量数据传输:在基于 XML 的网络管理接口中,传送大数据量的网络配置信息、性能数据和故障信息,采用基于 XML 的文件方式进行传输(FTP 等),这是因为 Web 比较脆弱,可靠性不好,TCP 连接要花费很多时间,而 FTP 可以使用户不必面对主机间使用的不同的文件存储系统有效可靠地传输文件,从而提高传输效率。

(5)安全管理:在基于 XML 的网络管理接口中可以采用数字签名和加密的安全措施,可以根据不同的需要,将消息中的核心元素加密,利用 XML Signature 和 SOAP Signature 来杜绝第三方对传输消息的篡改带来的不安全因素,HTTP 上单独的 SOAP 不足以提供应用级的可靠消息传输,但可在 SOAP 基础上作高的可靠性和安全性的额外规定,在 SOAP 顶层建立消息传输。

3.4.4　XML 接口优势

在处理数据异构性问题时,采用 XML 技术有以下优点。

(1)数据语法和语义的绑定

数据同时包含值和意义信息,任何一个系统都可以快速有效地完成对数据的引用和处理。

(2)接口简便稳定

由于接口不再纠缠于对数据的描述,只要传递一个透明的字符串就可以满足需要,接口可以把精力集中在接口本身的功能完备性上。

(3)数据处理方式的统一

由于 XML 是一个标准的数据描述方法,对数据的抽取和引用方都是一致的,因此每个模块对数据的处理达到了统一。

使用 SOAP/HTTP 传输网络管理信息有以下优点。

(1)将 SOAP 绑定在 HTTP 上,无论是否使用 HTTP 扩展框架,都可以利用 HTTP 丰富的特性集,提供使用 SOAP 形式方法和分布适应性的优点。SOAP 很自然地利用 HTTP 的请求/响应消息模型,将 SOAP 请求的参数放在 HTTP 请求里,将 SOAP 响应的参数放在 HTTP 响应里面。

(2)SOAP 可扩展。SOAP 无须中断已有的应用程序,SOAP 客户端、服务器端和协议自身都能发展,而且 SOAP 能极好地支持中间介质和层次化的体系结构。

(3)SOAP 简单。客户端发送一个请求,调用相应的对象,然后服务器端返回结果。这些消息是 XML 格式的,并且封装成符合 HTTP 的消息。因此,它符合任何路由器、防火墙或代理服务器的要求。

(4)SOAP 和厂商无关。SOAP 可以相对于平台、操作系统、目标模型和编程语言独立实现。另外,传输和语言绑定以及数据编码的参数选择都是由具体的实现决定的。

(5)SOAP 与编程语言无关。SOAP 可以使用任何语言来完成,只要客户端发送正确 SOAP 请求(也就是说,传递一个合适的参数给一个实际的远端服务器)。SOAP 没有对象模型,应用程序可以捆绑在任何对象模型中。

(6)SOAP 与平台无关。SOAP 可以在任何操作系统中无须改动正常运行。

3.5 TR069 南向接口

当 SNMP 这种集中式的网络管理协议已经不能满足人们需求时，DSL 论坛提出了 TR046 终端配置管理框架。它采取了全新的配置和管理方式，上层的配置过程依赖于下层的服务，由下至上逐层配置，上层配置只有在直接下层配置完成后才能配置。TR069 协议属于 TR046 终端配置框架的一部分，是 TR046 定义的分层配置模型中的上层部分，主要负责复杂业务的配置和下发，提供对一系列终端设备的功能集支持。TR069 协议全称为用户终端设备广域网管理协议。它对下一代网络中的终端设备管理提出了一种全新的机制，该机制为 ACS(自动配置服务器)管理 CPE(用户终端设备)提供了各项功能，包括对 CPE 的自动配置和服务、对 CPE 软件和固件的升级操作、对 CPE 状态和性能的监控以及对 CPE 的故障诊断等几个主要功能。通过 TR069 协议，运营商可以有效地解决对终端设备管理困难的问题，并为下一代网络中终端设备的远程管理提供了有效的管理方法和数据模型。相较于传统的网络管理协议，TR069 具有以下诸多优点。

(1) ACS 与 CPE 之间的远程方法调用使用了 SOAP 进行封装，使该协议能适用于各种网络环境。

(2) 使用了 XML(可扩展标记语言)技术，定义和统一了设备的数据类型，使协议的数据模型具有良好的扩展性与通用性。

(3) 使用了 SSL/TLS 等安全机制，对用户服务进行了权限的设置，使 ACS 与 CPE 间的通信更加安全。

(4) ACS 与 CPE 之间通过 HTTP 的 80 端口进行通信，使得协议报文更容易穿过防火墙与网关，对它们之后的用户终端直接管理。

以上是 TR069 协议最为突出了几个优点，除此之外，TR069 协议还提供了管理配置的通用框架以及一系列的协议，这些框架和协议可以对下一代网络中的设备，比如网关、路由器、机顶盒等进行远程管理。总而言之，TR069 协议弥补了传统网络管理协议的不足，采用了成熟的通信协议、可扩展的数据模型，同时又具有灵活的管理能力，能适用于大规模的、多种类的用户终端设备的管理。

3.5.1 TR069 概述

1. TR069 的网络结构

TR069 协议(CPE WAN Management Protocol，终端广域网管理协议)由 DSL 论坛提出，协议文档编号 TR069，所以常称 TR069 协议。该协议在设计上充分借鉴了互联网的技术优势，客户端和服务端采用 HTTP(HyperText Transfer Protocol)通信，数据传输采用 TCP(Transmission Control Protocol)，实际的管理中服务端和客户端的通信主要通过可扩展标记语言(eXtensible Markup Language，XML)的 SOAP 远程方法调用来完成。TR069 协议不仅可以用来管理家庭网关局域网内部的各种终端，而且还能管理各种类型的交换机、终端设备和路由器。

ACS 与 CPE 间的接口为南向接口，ACS 与管理系统间的接口为北向接口。TR069 协议主要定义了南向接口 。TR069 协议定义了在网络层之上的 CPE 设备自动配置的过程，也就是说 ACS 要配置 CPE，两者之间需要先知道对方的 IP 地址，然后建立连接，连接建立成功之后双方即可以开始 TR069 会话。图 3-9 为 TR069 的网络结构图。从图中可以看出，ACS 就相当于是网络中的服务器。在 ACS 的后台有运营支持系统、业务支持系统、策略系统以及呼叫中心等系统。ACS 通过因特网与各种 CPE 设备相连，并对这些设备进行配置管理。图中的南向接口是指 ACS 与 CPE 之间的接口，北向接口则是 ACS 与其他网络管理系统、业务管理系统、计费系统之间接口。

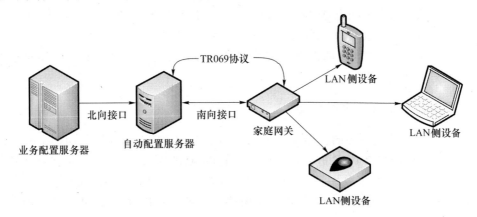

图 3-9　TR069 网络结构图

2. TR069 协议栈

图 3-10 是 TR069 协议栈，下面对该协议栈进行简要介绍。

CPE 与 ACS 应用
RPC 方法
SOAP
HTTP
SSL/TLS
TCP/IP

图 3-10　TR069 协议栈

（1）CPE 与 ACS 应用：这是 TR069 协议的最上层，在这一层部署 CPE 和 ACS 的具体 TR069 协议应用程序。

（2）RPC 方法：通信的双方可使用 RPC 协议向网络中的另一方请求服务而不必了解通信网络协议的具体情况。

（3）SOAP：一种基于 XML 语法的协议。用于对通信双方数据结构的规范和固化。TR069 协议用 SOAP 对 RPC 方法进行封装。

（4）HTTP：应用层协议。由于其简便、快捷的特点，适用于分布式信息系统。TR069 协议用 HTTP 封装 SOAP。

（5）SSL/TLS：因特网传输层安全协议，用于保障数据的安全传输。

（6）TCP/IP：因特网传输层和网络层协议。

在 TR069 协议栈的各层协议中,CPE 与 ACS 应用层和 RPC 方法层是 TR069 协议栈所特有的协议,而其他的四层则是使用的现有的一些标准协议加以实现。通过这些广泛使用并且成熟的协议,可以减少为支持 TR069 协议而升级设备软件时的风险,提供对现有网络上设备软件的兼容性,也使 TR069 协议可以很方便地在 ACS 与 CPE 两者之间建立连接。TCP 协议使得 ACS 与 CPE 之间的连接是可靠的。HTTP 协议可以使 TR069 报文更容易穿越防火墙,也使得 TR069 协议可以使用传输层安全技术 SSL/TLS,这大大增强了 ACS 与 CPE 之间通信的保密性与安全性。除此之外。TR069 协议还使用了基于 SOAP 的 RPC 方法,通过 RPC 方法,ACS 和 CPE 可以调用对方的某个特定方法来获得自己想要的结果,比如对 CPE 参数的设置、读取、创建或诊断操作。而基于 SOAP 可以保证两者数据的互通性,使数据的交换更加方便。在 TR069 的整个协议栈结构中,上层协议都是在下层协议的基础上实现的,同时下层协议对于上层协议又是完全透明的。

3.5.2 TR069 功能介绍

TR069 协议最主要的功能就是提供了 ACS 对 CPE 自动配置的功能。TR069 协议中允许对一个或多个 CPE 进行管理。协议允许 ACS 在 CPE 一上电时就对其进行自动配置,同时也可以在上电之后的任何时间内重新配置。TR069 协议同时也定义了一些可选的管理工具,可以对 CPE 部分可选应用或服务进行管理,但是这些可选应用或服务需要额外的安全机制去控制。

TR069 协议可以对 CPE 上的镜像文件进行管理,包括上传和下载软件或固件。TR069 协议提供了一种机制,该机制可以用于版本鉴别、文件传输初始化以及通知 ACS 文件传输是否成功。TR069 协议同时定义了一种数字化签名文件的格式,可以在 CPE 上传或下载文件时使用,使用了这种签名文件的格式可以保证上传下载的文件和相关设备指导说明书的完整性。

TR069 协议规定 CPE 可以产生一些有用的数据,ACS 可以使用这些数据来对 CPE 的状态进行监控,对其性能进行统计。此外,TR069 协议也定义了一些可用的机制,这些机制允许 CPE 在其状态发生改变的时候主动通告 ACS。

TR069 协议允许 CPE 向 ACS 发送用于诊断和解决连通性的相关信息,并定义了一组通用的参数集合以及相关机制,设备商也可以添加自己定义的诊断机制。通过设置一些固定的参数或者操作,就可以对用户设备的故障进行定位,然后做出相应的处理。

3.5.3 TR069 工作流程

图 3-11 是 TR069 协议工作的总体流程图,下面将分别介绍每个步骤的过程。

图 3-11 TR069 工作总体流程

1. ACS 发现

从图中可以看到 TR069 协议的总体流程分为四步,首先是 CPE 发现 ACS 的过程。

通常,CPE 有三种方法来获取它所关联的 ACS 地址。

(1) 可以直接在 CPE 本地设置 ACS 的地址,例如:CPE 可以使用 LAN 侧的自动配置协议来完成 ACS 地址的获取,通过 DNS(域名系统)来解析 URL(统一资源定位符)中 ACS 主机名部分所对应的 IP 地址。

(2) CPE 也可以在接入网络时通过 DHCP 服务器获得 ACS 地址,CPE 在获取自己的 IP 地址时,只要在相应的 DHCP 选项中带上 ACS 的地址,CPE 就可以获得该地址。

(3) CPE 在出厂之前设备中就固化了初始的 ACS 地址,在出厂之后 CPE 会向该 ACS 发起连接请求,然后默认的 ACS 可以再向 CPE 分配新的 ACS 地址。

ACS 的 URL 必须使用有效的 HTTP 或 HTTPS 形式。如果使用 HTTPS 的 URL,那么表明 ACS 支持 SSL。如果 CPE 所获得的是 HTTPS URL,但 CPE 又不支持 SSL,它可以使用 HTTP 再次进行连接,而后面的 URL 保持不变。当 CPE 与 ACS 建立了连接后,ACS 可以在任何时候更改存储在 CPE 中的 ACS 地址,一旦发生改变,CPE 必须使用更改后的地址与 ACS 进行连接。

2. 建立连接

下一步就是建立连接的过程,CPE 与 ACS 之间有两种方式建立连接,虽然两种连接发起的方法有所区别,但建立连接的主动方始终是 CPE。下面介绍了两种发起连接过程的具体机制。

(1) CPE 发起的连接

当 CPE 获得了 ACS 的地址之后,它能在任意时刻向 ACS 发起连接请求。在发生了下面情况时,CPE 必须建立与 ACS 的连接,并启用 Inform RPC 方法。

① 在 CPE 初始化时,第一次与网络建立连接。

② 每次在加电或重置时。

③ 每当 PeriodicInformInterval,即 Inform 周期到期时(比如,每 24 小时)。

④ 当可选的 ScheduleInform 方法被要求时。

⑤ 当 CPE 接收到来自 ACS 的 Connection Request 时。

⑥ 当 ACS 的 URL 发生变化时。

⑦ 当 CPE 上的参数发生了更改,而此参数的更改又要求 CPE 发送 Inform 消息通告 ACS。

(2) ACS 发起的连接

由于 ACS 与 CPE 之间的 TR069 会话必须由 CPE 发起的 Inform 消息开始,所以 ACS 发起的连接实际上是向 CPE 发送一个请求,请求 CPE 主动连接 ACS。无论在什么时候,ACS 都可以使用 Connection Request 的通告机制要求 CPE 发起与 ACS 的连接。CPE 则被要求必须支持这一机制,ACS 则建议支持该机制。该机制的前提条件是 CPE 与 ACS 之间可以建立连接,如果 ACS 与 CPE 之间存在 NAT(网络地址转换)设备或 CPE 在防火墙之后,那么 ACS 就无法访问 CPE,这种条件下只能 CPE 主动向 ACS 发起连接。ACS 发起连接的请求机制如下。

① CPE 收到 ACS 的连接请求后,首先应检查发送该请求的 ACS URL 是否是 CPE 上关联的 ACS 地址,ACS 只能向其关联的 CPE 发送连接请求。

② ACS 发送的连接请求必须使用 HTTP,而不能使用 HTTPS。

③ ACS 发送的连接请求 HTTP Get 报文中不能携带任何参数信息,如果包含了任何参数信息,CPE 都应该忽略这些信息。

④ CPE 在响应 ACS 的连接请求之前,要使用摘要认证来认证 ACS,一旦认证失败,CPE 不应该发起任何连接。

⑤ CPE 应该限制在一定时间内 ACS 发起连接请求通告的次数,如果在短时间内收到多次连接请求,则有可能是受到了拒绝服务攻击。

⑥ 对指定端口和 URL 的 HTTP 认证通过后,CPE 就执行下面的操作:与它所关联的 ACS URL 建立连接,建立成功后发送 Inform 报文。

⑦ 当 CPE 已经与某一 ACS 建立了连接,此时又收到一条连接建立的请求时,CPE 不得结束已经建立的连接。

⑧ ACS 主动向 CPE 发起连接有一个前提条件,那就是在此之前 CPE 至少向 ACS 发起过一次连接,在这次连接中,ACS 会读取 CPE 的 URL。只有知道了 CPE 的 URL,ACS 才可以在将来向发送连接请求。

3. 事务会话

所有的事务会话都是从 CPE 与 ACS 建立连接之后开始的。当连接建立好后,事务会话可以从 CPE 发送的 Inform 报文开始。CPE 应该在这个会话中一直保持这个 TCP 连接。当 ACS 与 CPE 都没有更多请求需要传输或者更多应答需要回复时,会话将结束,然后 CPE 会关闭连接。在同一时刻,CPE 与 ACS 之间的事务会话不会超过一个。图 3-12 是 TR069 协议的事务会话过程。

图 3-12 TR069 事务会话过程

按照事务会话的开始方式,也可以分成两种操作,下面分别介绍这两种操作。

(1) CPE 的操作

当 CPE 通过发送一个初始的 Inform 报文来向 ACS 发起一个请求时。该报文会携带一些关于 CPE 的参数信息,同时也说明 CPE 已经做好接收 ACS 请求的准备。Inform 报文携带的参数如表 3-11 所示。初始 Inform 报文中只允许携带一个 SOAP 信封,而 ACS 响应给 CPE 的 Inform 报文里的参数 MaxEnvolopes 说明了后续的 HTTP Post 报文所能携带的最大 SOAP 信封数。

当 CPE 收到来自 ACS 报文中的 HoldRequests 为 ture 的时,CPE 不能在后续的 HTTP Post 中发送任何请求,只有当随后收到一个 HoldRequests 报头为 false 的报文时,才可以重新发送请求。如果有一个或多个 ACS 的请求未解决时,则 CPE 必须在发向 ACS 的 HTTP Post 中发送至少一个请求或者响应。

表 3-11　Inform 报文参数

参数名称	参数说明
Device ID	数据结构标识 CPE
Event	发起此次 Inform 的原因
MaxEnvelopes	HTTP Response 可携带 SOAP 信封数
CurrentTime	CPE 当前时间
RetryCount	此次会话最大重复连接次数
ParameterList	此次 Inform 所需携带的参数

(2) ACS 的操作

当 ACS 收到 CPE 的 Inform 请求报文时,应该按照收到的请求顺序向 CPE 发送 Inform 响应报文。如果在会话的过程中 ACS 希望 CPE 停止继续发送请求,ACS 可以将下一个发送给 CPE 的报文中的 SOAP 信封头的 HoldRequests 设为 ture,直到 ACS 又希望 CPE 发送请求,可以再将该属性设置为 false。

如果是 ACS 有请求消息需要发送时,它可以不必理会 ACS 需要发送给 CPE 的响应。ACS 可以在发向 CPE 的报文队列的任意位置插入它想要发送的主动请求,并且没有数量的限制。

4. 关闭连接

最后一步就是关闭 ACS 与 CPE 的连接,当以下的所有条件都满足的时候 CPE 必须终止此次事务会话。

(1) 上一个来自 ACS 的 HTTP 响应不包含任何信封。

(2) 上一次来自 ACS 的信封中包含一个为真的 NoMoreRequests 首部。

(3) 当 CPE 没有收到来自 ACS 的请求。

(4) CPE 已经收到了所有的响应。

(5) CPE 已经发送了所有前面的 ACS 请求所需要得到的响应。

3.6 接口小结

CORBA 是一种在计算机领域中得到广泛应用的中间件技术。因其面向对象,且善于异构网络进行处理,ITU-T 很快将 CORBA 纳入到 TMN 的范围中,并逐渐用其取代CMIP,正式成为 Q 接口和 X 接口的主流实现技术之一。CORBA 基于 TCP/IP 协议族,在应用层高层使用了 IIOP。

XML 可以表达复杂的、具有内在逻辑关系的、模型化的管理对象,大大提高了操作效率和对象标准化,增强了配置管理能力。SOAP 是一种基于 XML 语法的协议。用于对通信双方数据结构的规范和固化。NETCONF 协议采用 XML 进行数据编码,同时,NETCONF 协议要求管理者和代理之间建立一条可靠的、面向连接的通信通路,因此,在安全性上得到了一定保证。然而,NETCONF 为了兼容 SNMP 和 CLI 方式,在现有设备代理中加入了 NETCONF 代理,导致了其结构复杂,不易于实现。

虽然网络设备有许多配置管理方式,比如纯文本形式的命令行,图形化的 Web 浏览器,或是专用网络管理软件。但无论何种网络设备,其基于 Telnet 协议的 CLI 命令行方式提供了比其支持的任何网络管理功能更为完备的功能。特别是在网络设备出现故障,利用其他管理方式都不能访问被管理设备时,我们依旧能够通过控制台端口,使用命令行方式对被管理设备进行信息采集和故障定位,这是其他管理方式所不能完成的。简单来说,CLI 意在提供人和设备之间的直接交互,而不需要借助管理软件。相比较而言,CLI命令行所对应的功能项粒度小,易于保证配置的完整性,在性能指标方面能够满足用户需求;并且从系统的可维护性方面,能够支持较好的业务排错能力。虽然 CLI 方式提供的功能十分强大,但也更难熟练掌握。另一方面,管理软件在使用 CLI 时的主要挑战并不是发出 CLI 命令,而是如何正确解析返回的结果并显示出来。

TL1 是一种 ASCII 文本格式的语言,因此开发人员和操作者都能够望文知义。TL1相对其他接口是一种比较简单的接口,遵循约定的语法,具有固定的格式,不同的命令具有固定的格式。TL1 接口具有消息容易阅读、延迟激活、主动上报、消息的确认机制等特点,在网元管理系统与运营支撑系统、网络关系系统等多个系统对接接口中广泛应用。

第 4 章
网络管理关键技术

要实现网络的有效管理,业务量控制是必须要面对的问题,业务量控制不好,网络就会发生拥塞,导致性能下降。业务量控制技术是性能管理的重要支撑技术。路由选择技术在网络管理中具有重要作用,合理的路由选择策略是平衡负载、减少时延、避免拥塞的重要保证。光网络具有很大的通信容量,一旦发生光缆切断等故障,将会带来严重的损失。因此光纤传输必须具有较强自我保护能力。随着网络的普及,网络安全也越来越受到重视,是互联网时代经济的重要保障。

4.1 业务量控制

4.1.1 概述

1. 拥塞

拥塞是一种持续过载的网络状态,此时用户对网络资源(包括链路带宽、存储空间和处理器处理能力等)的需求超过了固有的容量,发生拥塞的机制与网络的类型有关。

在电路交换网的情况下,过载会导致呼损上升。由于被叫不通,主被叫会一直呼叫,这些重复呼叫绝大多数是接不通的无效呼叫,它们又进一步占用交换机及电路设备资源,使得接通率进一步下降,从而产生恶性循环,使流入网络的业务量猛增的同时,又多数都得不到疏通,从而进入拥塞状态。网络发生过载时,一般是要经历电路群过载、电路群和交换机同时过载、交换机拥塞而电路群过载消失这样三个阶段。

在分组交换网的情况下,当主机发送到网络中的分组数量在其容量之内时,它们将全部被送到目的地。而当分组到达速度超过节点机的处理速度时,缓冲区就会被堆满,导致分组丢失。分组丢失率的上升也会产生恶性循环。发送分组的节点机在超时后将进行重传,这种重传常常会持续多次。发送节点机在未收到确认之前不能丢掉已发出的分组,因此接受方的拥塞导致发送方不能按时释放缓冲区,使拥塞影响到发送方,并可能使发送方也产生拥塞。

产生拥塞的原因主要有网络故障、自然灾害、重大集会等。

2. 拥塞的扩散

在电路交换网络中,当某个电路群过载时,网络会自动采用迂回路由传递其他业务量,通过迂回路由传递业务量使得每次结束占用的电路数和交换容量增加,因而加重了全网的负担。在严重情况下会使拥塞范围扩大到其他电路群和交换机。下面用图 4-1 来分析一下拥塞扩散过程。

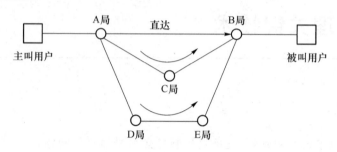

图 4-1　迂回路由选择

图 4-1 中有 A、B、C、D、E 共 5 个交换局。A 局用户呼叫 B 局用户时,A 局选择路由的顺序如下。

① A→B 直达路由。

② A→C→B 第一迂回路由。

③ A→D→E→B 备用迂回路由。

这三条路由占用的电路数依次是 1、2 和 3 条,占用的出入中继设备依次是 1、2 和 3 对,即业务量若被迂回传递,则占用的电路数和设备数量越多。由此可见,在电路群进入过载状态时,迂回路由的存在可能会导致过载及拥塞状态的扩散。

在分组网中,某条通信路由发生过载后,也会自动选择其他分组。但是在某些情况下,会直接导致过载的扩散。例如,如果过载是由于该分组的目的节点故障所引起的,选择其他路由也不可能疏通,反而会使得其他路由也被拥塞。

3. 业务量控制

为了防止网络出现拥塞,保证网络的服务质量,就需要进行业务量控制。所谓业务量控制就是控制网络中的业务量,使其保持在门限值之内,以防止发生过载和拥塞,保证网络的疏通能力和服务的质量。

业务量控制和流量控制不同,业务量控制一般指的是对用户向网络提交的业务的数量、数度以及疏通路由进行控制。而流量控制则指在分组网中控制节点之间的平均数据传送速率,以防止上一节点过快的发送数据而使下一节点缓冲区饱和。

为了进行业务量控制,需要收集网络的负载情况和设备利用情况,对收集的情况进行汇总处理,计算节点和链路的负载,判断负载等级,在出现过载时采取适当的控制措施。

进行业务量控制一般有两种策略:一是扩散策略,二是保护策略。扩散策略是增加迂回路由,减轻拥塞区域的压力,保护策略是限制进入的业务量。实施扩散策略是需要条件的,即网络中有充足的剩余容量。这种策略一般是在过载初期应用。但如果严重过载甚至出现了拥塞,扩散策略不但不能减轻问题,反而会使拥塞现象扩散。因此在严重过载状态下只能采取保护策略。尤其是那些接通可能性较小的业务量,更要在源头进行控制。保护策略一般能有效解决网络拥塞的问题。

4.1.2 电路交换网络的业务量控制

1. 概述

业务量控制要根据网络管理原则和一套相应的控制方案进行。电路网络管理原则有四条。

(1) 电路尽量提供给接通性大的呼叫占用。

(2) 利用一切可使用的电路。

(3) 抑制拥塞,防止拥塞扩散。

(4) 在无电路可用时,优先接通串接电路数少的呼叫。

进行业务量控制要区分业务量的类型,分清哪些业务是造成过载的主要原因,哪些业务量在当前的过载状态下是无法接通或很难接通的。对那些无法接通的尽早予以封堵。同时也要对不同的呼叫,采取不同的控制策略。

业务量类型有以下多种。

(1) 按来源划分有:用户拨叫业务、话务员拨叫业务、转发业务、其他业务。

(2) 按出入局电路群的类型:直达路由业务、迂回路由业务等。

(3) 按媒体类型:电话业务、传真业务、数据业务、图像业务、视频业务等。

在网络过载时,对不同类型的业务量采取不同的策略,是一种灵活有效的控制方法。它用不同比例来限制不同类型的业务接入网络。从而严格控制那些难以到达目的地或占用设备时间长的业务量,使更多的网络容量来传递其他业务量,最大限度地降低网络过载所造成的损失。

2. 一般方法

电路交换网络中的业务量控制方法有两种:呼叫量控制和路由选择控制。

(1) 呼叫量控制

号码闭塞:限制对特定目的地的呼叫。过滤的条件可以是国家长码、长途区号、交换局号码或用户号码。这种方法用于目的地发生集中过载,以控制对该目的地的呼叫数量。号码闭塞控制可以给发端输入被控制目的地号码以及限制的百分比。例如在限制百分比为 30% 时,交换机对到特定目的地呼叫的 30% 进行闭塞。

间歇呼叫控制:单位时间内允许有限次数的对目的地的呼叫通过交换机,使呼叫次数不超过设定的上限值。这种控制与号码闭塞控制的目的是一样的,都是为了减少对负载集中点的呼叫,但原理不同。这种控制往往是将单位时间内允许通过的上限值转换为放行一个呼叫之后的闭塞时间。因此,实现这种控制只需给发端交换机输入被控制的号码和间隔时间即可。

号码闭塞控制和间歇呼叫控制的控制效率不同。从图 4-2 中可见号码闭塞不能完全消除过载,而间歇呼叫控制效果较好。

限制进入直达路由的业务量:限制进入一电路群的直达路由的业务量。通常用在减少业务量进入发生拥塞的电路群或者没有迂回路由的交换局。

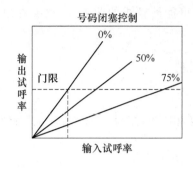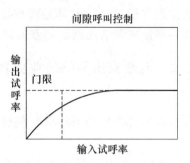

图 4-2　两种控制比较

电路定向化：将某些双工电路改为单工电路。通常用于加强拥塞区域向外呼叫的能力，而限制呼入业务量。

电路闭塞：暂时停用一部分电路。通常是在交换局出现拥塞现象，又无法采取有效措施解决时应用。

（2）路由选择控制

停用迂回路由：这种控制有两项内容，一是阻止业务量从被控制的电路群中溢出，用以在网络拥塞状态下限制多链路连接；二是阻止溢出的业务量进入被控制的电路群中，以减少对经过拥塞交换机的迂回路由的试占。

跳跃路由：使业务跳过指定的电路群进入下一路由。用于跳过拥塞电路群，用下一路由接续呼叫。

临时迂回路由：将拥塞电路群的业务量改为发送到有空余容量的其他电路群。通常用于电路群出现拥塞期间，提高呼叫的接通率，改善服务等级。

语音通知：在网络出现过载时，通知话务员或用户，请他们推迟呼叫等。

以上方法都是需要人工干预的。为了使控制有效，需要交换机本身具有自动控制功能。能够检测到交换机的情况和其他局送来的情况并做出实时反应。该功能主要有自动拥塞控制和选择电路保留控制。

在自动拥塞控制系统中，发生拥塞的交换机可以通过公共信道信令方式向相邻的交换机发送拥塞标志。收到拥塞标志的交换机，能够按照各自选定的措施做出响应，以减少送到发生拥塞的交换机的业务量。

选择电路保留控制则可以使交换机在电路出现拥塞或即将出现拥塞的时候，自动让某些类型的业务优先接通。在机制修改中，有保留门限、控制响应、控制措施三个要素。其中，保留门限规定保留多少电路用继续优先业务类型；控制响应可以规定限制接入的业务类型及要控制的各类业务量的值；控制措施则规定如何处理不许接入电路群的呼叫。

4.1.3　分组交换网络的拥塞控制

1. 概述

分组交换网络会由于以下原因引起拥塞。

（1）节点机处理能力不够。

（2）通信线路容量不足。

在某种程度上加大缓冲区会缓解以上问题，但是太大的缓冲区会使处理时延增加，有时不但不会使拥塞减轻，反而会使其恶化。

分组交换网络的业务量控制的主要内容是拥塞控制。

拥塞控制方法分为开环和闭环两大类。开环控制要求从根本上避免拥塞的产生，主要研究如何接收业务，如何丢弃分组以及丢弃哪些分组的问题。闭环控制的关键则是建立反馈机制，主要研究如何监测拥塞情况，相关节点和源端如何根据收到的拥塞情况进行业务量控制，以及如何向相关节点和源端反馈拥塞情况。闭环控制方法又可分为显式反馈和隐式反馈两种。显式反馈是由拥塞点向相关节点和源端发送反馈情况，隐式反馈则需要源端通过本地的观察来判断是否存在拥塞。

网络的连接机制，即数据传递方式对拥塞控制影响也很大。进行拥塞控制时，适合虚电路的方法，不一定适合数据报。

其次，网络的分组排队和服务策略对拥塞控制有很大影响。节点机需要采取不同的分布排队和服务策略，例如把所有的输入链路的分组都放在同一个队列中，还是将他们分别排队，是否划分分组的服务优先级等。不同的策略要求不同的算法。

另外，分组丢弃策略、路由选择算法等也对拥塞控制有重要影响。分组丢弃策略是缓冲区充满时丢弃分组的策略。优秀的分组丢弃策略能够起到减缓拥塞。与电路交换网的情况相似，好的路由选择算法要能够分散过多的负载，消除拥塞。

由此可见，分组交换网络的拥塞控制比电路交换网络要复杂得多。在实际中要根据网络中实际情况进行设计。在某一个网络中有效的拥塞控制方法，在其他网络中不一定有效。

2．一般方法

分组交换网络常用的拥塞控制方法有以下几种。

（1）分组抑制法

每个节点机监控每条输出链路的使用率和拥塞情况，后续新的分组进入前都要查看它的输出链路是否处于拥塞状态。如果是，则节点机发送一个抑制分组到源端主机，源端主机得到抑制分组后，减少发送给特定目的地的业务量。

（2）缓冲区预分配法

对于采用虚电路方式传递数据的网络：当建立虚电路时，呼叫数据在网络中节点填写表格，确保后继数据能够为后继的数据传输预留缓冲区。这样，当该呼叫数据到达目的地后，就为数据传输预留了一条可用的缓冲区虚电路。

正常情况下，呼叫数据不在中间节点机中预留任何缓冲区间，而仅占用表格。可以简单地修改建立算法，让每个呼叫数据预定一个或多个的数据缓冲区。如果呼叫数据到达某节点机时，缓冲区已满，则该节点机要返回一个忙信号给上一个节点机，上一个节点机会另选路径，要是已无路径可选，则返回忙信号给发送方。

若将许多缓冲区专用于空闲虚电路，它的代价很高，因此网络仅在低时延和大带宽某些必不可少的情况下才这样做。而对于实时性不高的虚电路，其中一种合理的策略是对每个缓冲区设置一个定时器。空闲时间过长就释放，当下一个分组到来时再重新获取。因此，在缓冲区链路再一次建立时，这时只好在没有专用缓冲区的情况下转发。

（3）流量控制法

运用流量控制能够在传输层防止一台主机使另外一台主机饱和，用来防止一个节点机使相邻节点机饱和。但是由于分组交换网中的业务量的突发性很强，使得流量控制的这种方法难以成为消除拥塞的有效方法。因为如果将速率限制的过严，当用户发送高峰业务量时，网络的性能很差。而如果限制不严，网络拥塞又是无法得到控制。

（4）许可证控制法

这种方法是通过直接限制网络中的分组数量来达到消除拥塞的目的。根据网络的能力，保持网络中传递的分组的总数不超过某个阈值，从而避免拥塞。这种策略下，网络中会有固定数目的许可证分组被随机传送。主机把分组送给它的相邻节点时，如果该节点有许可证，就可以拾取许可证而被传送。如果没有许可证，则必须等到许可证。当分组被传送到目的节点时，许可证在该节点释放。这样网络内传送的分组总数不会超过许可证的总数。但由于等待许可证，就会产生了额外的时延，这种时延通常称为进场时延。

从源到目的的流量控制，能够在不同环节、不同协议层次上进行，如图 4-3 所示，主机—主机之间的控制一般由传输层协议来实现。源节点和目的节点之间的控制一般是由网络层协议来实现，而相邻节点间的控制主要由数据链路层实现。主机和源节点之间的控制，也称为网络访问流量控制，与网络拥塞控制密切相关。

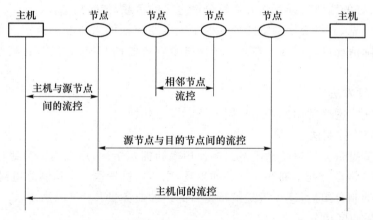

图 4-3　流量控制层次图

4.1.4　NGN 及其业务量控制

1. 概述

随着网络技术的高速发展，网络具有极其丰富的多样性，例如，光传输技术和无线传输技术，VDSL、WLAN、EPON，语音业务、视频业务、数据业务，电信网络、计算机网络、广播电视网络等。网络的多样性使网络互通的问题变得更加复杂，运营管理成本的升高以及用户使用的不便。为了解决这个问题，将上述多样性网络进行融合，业界提出了NGN（Next Generation Network），即下一代网络的概念。

NGN 是一个分组网络，它提供包括电信业务在内的多种业务，能够利用多种带宽和具有 QoS 能力的传送技术，实现业务功能与底层传送技术的分离；它提供用户对不同业务提供商网络的自由地接入,并支持通用移动性,实现用户对业务使用的一致性和统一性。

国际电联(ITU)2004 年 2 月推出了 12 个 NGN 标准草案,对 NGN 的研究方向、框架体系、业务需求、网络功能、互通、服务质量、移动性管理、可管理的 IP 网络和 NGN 演进方式等方面提出总体要求。

NGN 的基本特征如下:分组传送;控制功能从承载、呼叫/会话、应用/业务中分离;业务提供与网络分离,提供开放接口;利用各基本的业务组成模块,提供广泛的业务和应用(包括实时、流、非实时和多媒体业务);具有端到端 QoS 和透明的传输能力;通过开放接口与传统网络互通;具有通用移动性;允许用户自由地接入不同业务提供商;支持多样标志体系,并能将其解析为 IP 地址以用于 IP 网络路由;同一业务具有统一的业务特性;融合固定与移动业务;业务功能独立于底层传送技术;适应所有管理要求,如应急通信、安全性和私密性等要求。

目前,支撑 NGN 的主要技术包括为宽带接入和光纤高速传输技术,解决承载网络互通互联的 IP 技术,特别是 IPv6 技术,实现异构网络连接的智能光网、光交换、软交换技术,解决 QoS 和安全性问题 MPLS 技术以及解决移动接入无线宽带接入技术等。其中,在移动网络和固网融合方面,IP 多媒体子系统 IMS 备受关注。

2. 一般方法

由于融合了各种不同的网络技术,NGN 的拥塞控制问题就变得十分复杂。主要原因在于以下几点。

① IP 网络本身缺乏对 QoS 的一致性策略。

② 不同的业务对 QoS 需求不一样。

③ 业务由多样性的技术支撑是常见的。例如,收发两端支持不同等级的 QoS,要跨越不同的服务供应商等等。这种复杂性使 NGN 中拥塞控制重要性变为极为突出,是 NGN 研究的焦点之一。

基于此,不同的标准化组织给出了各自的标准规范,对资源接纳控制系统的称谓也不同,功能架构和研究的范围等也有一定的差别。

4.2 路由选择

路由选择是进行网络管理工作需要熟悉的重要内容,有效的路由选择策略是平衡负载、减少时延、避免拥塞的重要保证之一,路由选择技术与网络的类型密切相关。电路交换网采用预先确定的路由,只有在发生溢呼需要迂回策略时才需要重新选择路由;分组交换网在传递数据时,数据每到一个节点都要进行路由选择;而互联网络的路由选择则要区分内部网络和外部网络。

4.2.1 概述

路由选择是通信系统中的一个非常重要的概念。通信子网为网络源节点和目的节点提供了多条传输路径的可能性。网络节点在收到一个分组后,要确定向一下节点传送的路径,这就是路由选择。在数据报方式中,网络节点要为每个分组路由做出选择;而在虚电路方式中,只需在连接建立时确定路由。确定路由选择的策略称路由算法。路由选择——根据一定的原则和算法在所有传输通路中选择一条通往目的结点的最佳路径。路由选择算法——路由选择过程中采用的策略。为了进行路由,路由器必须知道下面三项内容。

（1）路由器必须确定它是否激活了对该协议组的支持。

（2）路由器必须知道目的地网络。

（3）路由器必须知道哪个外出接口是到达目的地的路径。

路由选择协议通过度量值来决定到达目的地的最佳路径。

对于电路交换网络来说,路由选择直接关系到全网呼损率,在网络过载时,重选择迂回路由也是疏散业务量的有效手段。而对于分组交换网络来说,路由选择直接关系到全网的平均时延,合理的选择路由是避免网络因时延过大进入死锁的关键。

路由选择控制,可以有效地利用网络资源,特别是当业务量需求与网络资源间发生短时间不匹配时,路由选择控制可以进行临机处理。

路由选择有以下几个基本原则。

（1）路由选择应首先选择跳数少的路由。

（2）路由选择确保不出现死循环。

（3）保证传输质量和信令信号的可靠传输。

4.2.2 电路交换网络的路由选择

1. 基础路由结构

在我国,以电话交换网为代表的电路交换网络的基础路由结构如图 4-4 所示。C1 代表区域中心,C2 代表省中心,C3 代表市中心,C4 代表县中心。常用的几种路由如下。

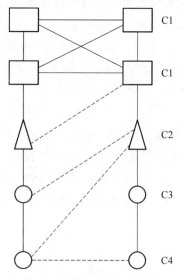

图 4-4　电话交换网的基础路由结构

（1）基干路由

基干路由是构成网络基本结构的路由，图 4-4 中实线连成的路由。基干路由电路群的呼损率要低于 1%，它的业务量不能溢出到其他路由。

（2）直达路由

图 4-4 中的虚线路由为直达路由。设置直达路由的目的是使呼叫连接的电路长度尽量短，直达路由的呼损率可以超过规定的呼损标准，允许业务量部分溢出。直达路由都有一定数量的迂回路由进行保障。

（3）低呼损直达路由

两个交换中心呼叫时不经过其他交换中心，仅在两个交换中心之间设置的电路群，而且电路群的呼损不大于规定的标准时，该电路群所组成的路由成为低呼损直达路由。此类路由上的业务量原则上不允许溢出到其他路由上。

按照路由选择的基本原则所确定的电话交换网的路由选择规则如下。

（1）有直达路由时的选择顺序为：直达路由、迂回路由、基干路由。

（2）无直达路由时的选择顺序为：跨级或跨区的路由、基干路由。

（3）发话区的路由选择顺序为自下而上，收话区的顺序则为自上而下。

（4）为了使得低等级交换中心话务尽可能在低等级中心之间流通，原则上，各级交换中心可选择高效电路群。

（5）若在路由选择中遇低呼损路由不再溢出，路由选择终止。

4.2.3　分组交换网络的路由选择

分组交换网络采用存储转发的方式转发数据，分组每到一个节点后，都需面对选择哪条链路转发的问题，而不像电路交换网那样只是在呼叫建立阶段路由忙的时候才进行迂回路由的选择。因此，路由选择对于分组网络来说更加重要。它直接关系到网络的效率和传输质量。

分组网对路由选择的基本要求如下。

（1）正确性：确保分组从源节点正确传送到目的节点。

（2）可靠性：能确保长时间无故障运行。

（3）最优化：尽量选取最优路由。

（4）简单性：实现方便，软硬件资源耗费少。

（5）公平性：每个节点负载差异不能相差悬殊。

除了以上基本要求外，好的路由选择方式还应该表现在对网络规模、拓扑和业务量变化的适应上。网络规模的变化是比较缓慢的，一般是由网络扩容引起。拓扑结构的变化往往是网络设备故障造成，当然也有人为的原因。而业务量的变化则是突变的、快速的。一旦网络发生变化，原来的最短路由就可能不是最短了。而当业务量发生较大变化，原来的路由可能会由于拥塞而时延增大，最优路由也会随之发生变化。

在设计路由选择算法时，要确定度量指标，主要有跳数、时延和吞吐量。最普遍的优化标准就是选择跳数最少的路由，这种方式容易测量，且与所使用的网络资源密切相关。

路由选择方法具有多种不同的分类方法。按源节点发送方式可分为扩散式、选择扩散式和单路式三种。在单路式路由选择中,按照适应性又可分为静态和动态策略两类。静态策略不是依据当前实际业务量和拓扑结构来选择路由,而是只能按事先设计好的路由传送;动态策略能较好地适应网络中的业务量和拓扑结构的变化,但具体实现上难度大、开销多。

1. 静态策略

(1) 扩散式和选择扩散式

扩散式路由是全网发送,每个节点将收到的分组复制多份发送到除上一节点外的所有相邻节点。这种方法的好处是,只要目的地节点是可达的,总能传送成功。而且最先到达目的节点的路径就是最佳路由。这种方法的网络资源利用率低,吞吐量小。由于重复的分组越来越多,最后泛滥成灾,这种算法需要用某些方法来限制分组的无限循环转发,如在分组报头中设置计数器,每转发一次,计数器加 1;当计数器的值超过阈值时,就不再转发,并将其删除。另外,还有查重复分组等方法。扩散式算法可靠性较高,即使网内许多节点或链路损坏,也能使分组到达目的地。

选择扩散式是节点优先选择靠近目的节点方向的一部分节点发送分组,因此也被称为多路发送。它保持了扩散式算法的优点,但付出的额外代价要小。这种算法仅适合负载较轻的小规模网络。

(2) 随机式

随机式算法是由将分组随机选择一个出口转发出去的方法。缺点十分明显,可能造成某些分组长期在网络中转发,无法到达目的节点。

(3) 固定式单路由算法

在固定式单路由算法中,每个节点都有一张人工设定的固定路由表,它给出了子网中目的节点与转发出口的对应关系。每次收到一个分组,都去查表中的目的节点,找出相应的转发出口。优点是简单、方便,通常情况下都是最佳路由。缺点是路由表不能联机修改,自适应性较差。

(4) 固定式多路由算法

固定式多路由算法是任何一对节点之间有多条可选路由。一旦最佳的路由出现问题,就可以启用备用路由。实现方法是每个节点设有一张路由表,对应每个目的节点,给出最佳、次佳⋯⋯的后续节点和权重。该方法的缺点也是自适应性较差,不够智能。

2. 动态策略

(1) 集中式路由选择算法

采用集中式路由选择算法时,网络中需要有一个路由控制中心 RCC。每个节点定期发送状态情况到 RCC,这些状态数据可包括相邻节点名、当前队列长度、上次报告状态之后每条链路处理的业务量等。RCC 收集所有节点数据,并根据对全局的检测结果,为每个节点计算出一张最佳路由表,然后发送到各个节点。

集中式路由选择方法的优点是 RCC 有全局性数据,能依据当前得到的数据分析结果做出最佳路由选择,各个节点不必计算路由。对网络拓扑及业务量变化的适应性较佳。它的缺点是一旦 RCC 出现故障,对网络影响大;RCC 向各节点发送更新后的新路由表时,各节点收到时延与网络有关,可能出现不一致。另外一个问题是,RCC 分发路由表的链路业务量比较集中。

（2）孤立式路由选择算法

孤立式路由选择，是指节点选择分组转发的路由时，不与其他节点交换情况。

（3）分布式路由选择

分布式路由选择是每个节点与其相邻的各个节点定期交换路由情况，根据交换后的情况更新自己的路由表，新的路由表可以反映网络拓扑结构或业务量发生的变化。分布式路由算法属于自适应式路由算法的一种。

（4）分层路由选择算法

分层路由选择是将网络中的节点划分为若干个区域，每个节点都知道在本区内如何选择路由，同时也知道如何送到其他区，但并不知道其他区内的拓扑结构。这种方法类似于网络互联的情况，每个网都是独立的，一个节点不需要了解到其他网络结构。

4.3 网络自我保护技术

伴随着信息化的汹涌浪潮，数据业务已逐渐成为各运营商网络承载的主体。同时，在移动互联网、物联网、云计算等技术的带动下，数据业务今后的增长势头必将更加迅猛。传统基于 TDM/SDH 方式的承载网，面对带宽需求的迅猛增长已经无能为力。因此采用动态 IP 技术，以路由器为主构建承载网络的 IPRAN 技术应运而生。目前，基于 IPRAN 技术在国内运营商已经进行规模部署，也取得了良好的效果。

本节对 IPRAN(PTN)网络为例，介绍网络自我保护技术。

4.3.1 保护机制分类

作为新一代的承载网络，各厂家开发了很多不同的保护技术，其中目前常用的保护机制有以下几种。

（1）BFD(双向转发检测)：BFD 是一个简单的"Hello"协议，本身没有邻居发现机制，靠被服务的上层应用通知其邻居情况建立会话。通过周期性的检测报文来确认是否发生故障。

（2）业务保护：接入层采用 PW 冗余，汇聚核心层采用 VPN FRR 方式。

（3）隧道保护：LSP1∶1 保护是建立 LSP 主隧道的同时建立 LSP 备份隧道方式，也是 IPRAN 网络中的基本保护方式。

（4）网络保护：BSC 双归到 IPRAN 网络，两台 RAN-CE 之间采用的 VRRP 以及心跳报文的传送方式。

4.3.2 关键技术

虽然各设备厂家采用的保护技术各不相同，但大体上分为三类，分别是从隧道层、业务层和网络层。但不管是采用哪层的技术，都可采用 BFD 进行快速故障监测。

双向转发检测(Bidirectional Forwarding Detection，BFD)是一套用来实现快速检测

的国际标准协议,提供轻负荷、持续时间短的检测。BFD 能够在系统之间的任何类型通道上进行故障监测。这些通道包括直接的物理链路、虚电路、隧道、MPSL LSP、多跳路由通道,以及非直接的通道。

BFD 自身没有邻居发现机制,而是靠被服务的上层应用通知其邻居信息建立会话。会话建立后,周期性地快速发送检测报文,如果一段时间内未收到检测报文即认为发生了故障,通知被服务的上层应用进行相应的处理。

在 IPRAN 网络部署中,BFD 主要检测的内容主要包括:BFD for LSP、BFD for PW、BFD for VRRP、BFD for FRR。

接下来介绍几种在 IPRAN 网络中比较有特点的保护技术。

1. 隧道层保护技术——LSP1:1

隧道保护是 IPRAN 网络中基本的保护方式,通过在建立 LSP 主隧道的同时建立 LSP 备份隧道以实现保护的目的。正常情况业务由主用路径传送,主用路径出现故障时,倒换到备用路径,保证业务正常传送。LSP1:1 隧道保护如图 4-5 所示。

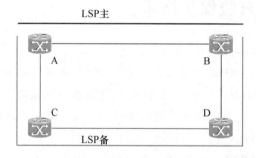

图 4-5　LSP 1:1 保护

LSP1:1 保护属于链路保护,要求主 LSP 的原宿与备 LSP 的原宿一致。

正常情况业务工作的主要路径是 A—B,当主用路径故障时业务倒换到备用路径 A—C—D—B。其中,LSP 主备链路状态主要通过 TP-OAM 或 BSD 检测。

2. TPS 保护

TPS 保护就是我们通常所说的支路盘保护,是一种属于设备级保护,不需要走全网协议,TPS 协议走设备内部总线就可以达到倒换目的。其基本倒换过程如下。

(1)SLOT2 单盘发生故障。

(2)SLOT2 单盘软件检测到故障后,置本盘供给主控盘的状态线为低电平。

(3)主控以中断形式响应,检测到 SLOT2 单盘故障。

(4)主控根据协议判决是否倒换,不能倒换上报告警"倒换失败"。

(5)如果可以倒换,主控向 SLOT5 下发倒换命令,并通知相关的处理盘更改 TB 参数。

(6)主控通过 TPS 控制线切换接口盘上的继电器,SLOT2 单盘上业务倒换到 SLOT5。

(7)主控发命令给交叉时钟模块,更新时钟跟踪。

(8)上报 TPS 倒换事件、TPS 倒换告警。

（9）TPS 的倒换结束。

在以上的过程中，允许不同盘具有相同的优先级，发生保护倒换时采用先到先得的策略，即先发生故障的工作单盘得到保护；如果低优先级的单盘处于倒换状态，高优先级单盘发生故障，则发生抢占倒换，低优先级单盘回切，高优先级单盘倒换。

3. Wrapping 环保护

当业务出现故障时，相邻的两个网元进行倒换，且仅仅是这两个网元发生倒换，它的优点在于倒换只涉及故障相邻的两个网元，因此它的倒换时间容易得到保证，缺点是倒换的业务有可能造成较长路径的迂回，会占用环内较多的带宽。

Wrapping 是一种本地保护机制，它基于故障点两侧相邻节点的协调来实现业务流在节点上的流量反向，从而完成保护倒换。当发生故障时，无论是链路故障还是节点故障，其相邻节点均会知道业务流不能继续沿原路径传送，为了保证业务流顺利传送到故障点下游相邻节点，故障链路（或故障节点）上游相邻节点需要把从该故障链路经过的所有业务流反向从备用路径进行传送。故障链路下游相邻节点检测到手用路径故障时，该节点知道业务流会因为主用接收路径损坏而倒换到备用接收路径上。因此，该节点同样会执行倒换动作，从备用路径接收业务，再倒换到主用路径上，将业务流从主用路径上传出该点，传送到环的出口节点流出。Wrapping 环回保护如图 4-6 所示。

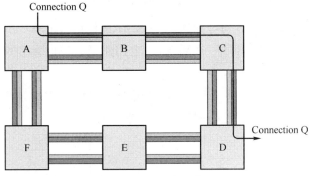

T-MPLS shared protection ring(Normal state)

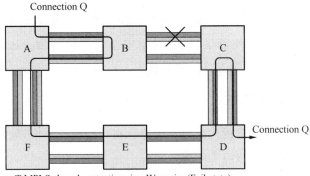

T-MPLS shared protection ring-Wrapping(Fail state)

Working Baudwidth
Protect Baudwidth

图 4-6　Wrapping 环回保护

4. VPN FRR 倒换

VPN FRR 技术是基于 VPN 的私网路由快速切换技术,立足于 CE 双归属的网络模型,通过预先在远端 PE 中设置指向主用 PE 和备用 PE 的主备用转发项,并结合 BFD 等故障快速检测,在网络失效后,主备 PE 快速切换,端到端可达 200 ms 的可靠性。

VPN FRR 属于业务保护技术,常用于 L3VPN 方式承载业务的场景。

通过预先在远端 PE 中设置指向主用 PE 和备用 PE 的主备用转发项,并结合 PE 故障快速探测,在 VPN 路由收敛完成之前,将 VPN 流量切换到备份路径。VPN FRR 倒换如图 4-7 所示。

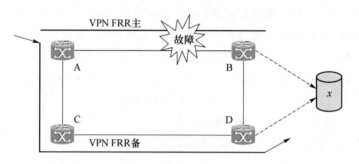

图 4-7　VPN FRR 倒换

从 A 节点到 X,经 B、D 均可到达。VPN FRR 保护指定 A—B 为主,A—D 为备。正常情况业务工作在主用路径 A—B 到 X,当主用路径故障时业务倒换到备用路径 A—D 到 X。

MPLS L3 VPN 检测贮备 LSP(LSP 使用 OAM 或者 BFD)连通状态判断是否倒换实现节点保护。此种方式的好处是倒换期间对业务无伤。

4.4　网络安全技术

网络安全是网络管理的重要内容,是电子经济发展的重要保证。DES 和公共密钥密码体制是现代密码学的主要成果,也是网络安全的理论基础。认证系统、防火墙技术、VPN 技术是网络安全的三项主要的关键技术。

4.4.1　网络安全基础

信息安全的理论基础是现代密码学理论。在现代密码学中,数据加密标准 DES 和公开密钥密码体制是最重要的两个内容。

1. 数据加密标准

现用的数据加密标准 DES 是由美国 IBM 公司研制的。1977 年美国国家标准局批准它供非机密机构保密通信使用。DES 采用的是传统的密码体制,利用传统的换位和置换的方法进行加密。DES 算法如图 4-8 所示。

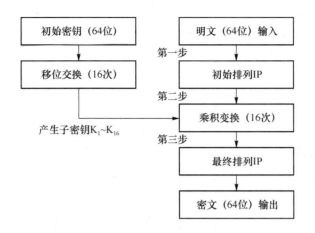

图 4-8　DES 算法过程图

16 次乘积变换的目的是使明文增大其混乱性和扩散性,使得输出不残存统计规律,使破译者不能从反向推算出密钥。DES 开创了算法全部公开的先例,有关组织和与学者经过多年研究和全面考核,普遍认为 DES 的保密性良好,当然密码长度(56 位)不够长,迭代次数(16 次)不够多也是为不少学者所诟病。

2. 公钥密码体制

公开密钥密码体制的概念是 1976 年由美国密码学专家狄匪(Diffie)和赫尔曼(Hellman)提出的,有两个重要的原则:第一,要求在加密算法和公钥都公开的前提下,其加密的密文必须是安全的;第二,要求所有加密的人和把握私人秘密密钥的解密人,他们的计算或处理都应比较简单,但对其他不把握秘密密钥的人,破译应是极困难的。随着计算机网络的发展,情况保密性要求的日益提高,公钥密码算法体现出了对称密钥加密算法不可替代的优越性。近年来,公钥密码加密体制和 PKI、数字签名、电子商务等技术相结合,保证网上数据传输的机密性、完整性、有效性、不可否认性,在网络安全及情况安全方面发挥了巨大的作用。本节具体介绍了公钥密码体制常用的算法及其所支持的服务。

公钥密码算法中的密钥依性质划分,可分为公钥和私钥两种。用户或系统产生一对密钥,将其中的一个公开,称为公钥;另一个自己保留,称为私钥。任何获悉用户公钥的人都可用用户的公钥对情况进行加密与用户实现安全情况交互。由于公钥与私钥之间存在的依存关系,只有用户本身才能解密该情况,任何未授权用户甚至情况的发送者都无法将此情况解密。在近代公钥密码系统的研究中,其安全性都是基于难解的可计算问题的,如下所示。

(1)大数分解问题。

(2)计算有限域的离散对数问题。

(3)平方剩余问题。

(4)椭圆曲线的对数问题等。

基于这些问题,于是就有了各种公钥密码体制。关于公钥密码有众多的研究,主要集中在以下的几个方面。

（1）RSA 公钥体制的研究。

（2）椭圆曲线密码体制的研究。

（3）各种公钥密码体制的研究。

（4）数字签名研究。

公钥加密体制具有以下优点。

（1）密钥分配简单。

（2）密钥的保存量少。

（3）可以满足互不相识的人之间进行私人谈话时的保密性要求。

（4）可以完成数字签名和数字鉴别。

在网络通信中，为了确认消息在传递过程中是否被篡改或破坏，需要在转发数据的同时传递校验情况——消息摘要，它是通过密码散列 Hash 函数获得的。最著名的消息摘要算法是 Message Digest 算法，简称 MD 算法。MD 算法已有多个版本，目前最常用的是第 5 个版本，即 MD5。另外一种常用的消息摘要算法被称为 SHA(Secure Hash Algorithm)，它是美国政府的一个标准。SHA 与 MD5 相似，但摘要为 160 bit 长，安全性更高一些。

为了保证网络安全，国际标准化组织 ISO 制定了 OSI 安全体系标准 ISO 7498-2。在该标准中，定义了加密、数字签名、访问控制、数据完整性机制、认证机制、伪装业务流机制、路由控制机制、公证机制等 8 种安全机制。以及为了实现上述的保密机制而采取的链路加密、节点加密、端到端加密、报文鉴别及数字签名、访问控制、密钥管理等网络安全技术。

4.4.2 认证技术

在情况安全领域中，一方面是保证情况的保密性，防止通信中的机密情况被窃取和破译，防止对系统进行被动攻击；另一方面是保证情况的完整性、有效性，即要确认与之通信的对方身份的真实性，情况在传输过程中是否被篡改、伪装和抵赖，防止对系统进行主动攻击。

认证(Authentication)是防止对情况系统进行主动攻击(如伪造、篡改情况等)的重要技术，对于保证开放环境中各种情况系统的安全性有重要作用。认证的目的有两个方面：一是验证情况发送者是合法的，而不是冒充的，即实体验证，包括信源、信宿等的认证和识别；二是验证情况的完整性以及数据在传输或存储过程中是否被篡改、重放或延迟等。

认证不能自动地提供保密性，而保密也不能自然地提供认证功能。认证系统的模型如图 4-9 所示。在这个系统中发送者通过一个公开信道将情况传送给接收者，接收者不仅想收到消息本身，还要通过认证编码器和认证译码器验证消息是否来自合法的发送者及消息是否被篡改。

系统中的密码分析者不仅可截获和分析信道中传送的密文，而且可伪造密文送给接收者进行欺诈，他不再像保密系统中的分析者那样始终出于被动地位，而是可发动主动攻击，因此常称为系统的串扰者(Tamper)。

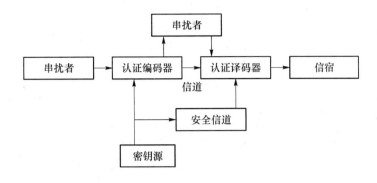

图 4-9　认证系统模型

1. 数字签名技术

数字签名就是一种防止源点和终点否认的认证技术,一个数字签名必须保证以下 3 点。

(1)接收者能够核实发送者对报文的签名。

(2)发送者事后不能抵赖对报文的签名。

(3)接收者不能伪造发送者对报文的签名。

一般数字签名的格式为:用户 A 向 B 用明文送去消息 m,为了让 B 确信消息 m 是 A 送来的,没有篡改,可在 m 的后面附上固定长度(比如 64 bit 或 128 bit)的数码。B 收到后,可通过一系列的步骤验证,然后予以确认或拒绝消息 m。图 4-10 是数字签名的一个基本过程。

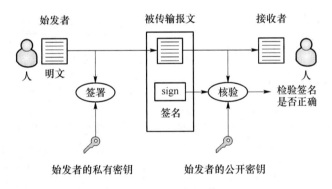

图 4-10　数字签名过程

在公钥体制下,数字签名是通过一个单向函数对要传送的报文进行处理,得到用以核实报文是否发生变化的一个字母数字串。该字母数字串成为该消息的消息摘要,用户用自己的私钥对消息摘要进行加密,然后情况接收者使用情况发送者的公钥对附在原始情况后的数字签名进行解密后获得哈希摘要,并通过与用自己收到的原始数据产生的哈希摘要对照,便可确信原始情况是否被篡改,同时也保证了数据传输的不可否认性。

类似于手写签名,数字签名有如下特性。

(1)签名是可信的:任何人都可以方便地验证签名的有效性。

(2)签名是不可伪造的:除了合法的签名者之外,任何其他人伪造其签名是困难的。

这种困难性指实现时计算上是不可行的。

（3）签名是不可复制的：对一个消息的签名不能通过复制变为另一个消息的签名。如果一个消息的签名是从别处复制的，则任何人都可以发现消息与签名之间的不一致性，从而可以拒绝签名的消息。

（4）签名的消息是不可改变的：经签名的消息不能被篡改。一旦签名的消息被篡改，则任何人都可以发现消息与签名之间的不一致。

（5）签名是不可否认的：签名者不能否认自己的签名。

目前常用的数字签名方法有基于对称密钥加密算法的数字签名方法、基于公钥密码算法的数字签名方法两类

2. 消息认证和消息完整性

消息完整性检验的一般机制如图 4-11 所示。无论是存储文件还是传输文件，都需要同时存储或发送该文件的数字指纹。验证时，对于实际得到的文件重新产生其数字指纹，再与原数字指纹进行对比，如果一致，则说明文件是完整的，即未被篡改、删除或插入，否则是不完整的。

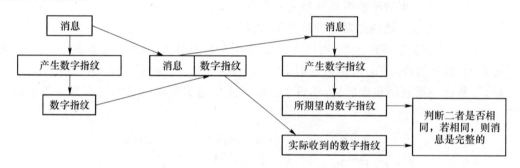

图 4-11   消息完整性检验的一般机制

消息完整性检验只能检验消息是否是完整的，不能说明消息是否是伪造的。因为一个伪造的消息与其对应的数字指纹也是匹配的。

消息认证是指使意定的接收者能够检验收到的消息是否真实的方法。消息认证具有两层含义：一是检验消息的来源是真实的，即对消息发送者的身份进行认证；二是检验消息的完整性，即验证消息在传送或存储过程中未被篡改、删除或插入等。产生消息数字指纹的方法很多。当需要进行消息认证时，仅有消息作为输入是不够的，需要加入密钥 K，这就是消息认证的原理。

消息认证码（Message Authentication Code，MAC）是与密钥相关的单向杂凑函数。MAC 与单向杂凑函数不同的是，但它还包括一个密钥，不同的密钥会产生不同的杂凑函数，这样就能在验证发送者的消息是否被篡改的同时，验证是由谁发送的。MAC 通常表示为

$$\mathrm{MAC}=C_K(M)$$

其中，M 是长度可变的消息；K 是收、发双方共享的密钥；函数值 $C_K(M)$ 是定长的认证码，也称密码校验和。

MAC 是带密钥的消息摘要函数，即一种带密钥的数字指纹，它与不带密钥的数字指纹是有本质区别的。认证码被附加到消息后以 $M\|\mathrm{MAC}$ 方式一并发送，接收方通过重

新计算 MAC 以实现对 M 的认证,如图 4-12 所示。

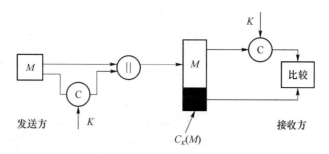

图 4-12　消息认证

假定收、发双方共享密钥 K,如果接收方收到的 MAC 与计算得出的 MAC 一致,那么可以得出如下结论。

(1) 接收方确信消息 M 未被篡改。此为完整性验证。

(2) 接收方确信消息来自所声称的发送者,因为没有其他人知道这个共享密钥,所以其他人也就不可能为消息 M 附加合适 MAC。此为消息源验证。

在上述消息认证中,消息是以明文方式传送的,所以这一个过程只提供认证而不具备保密性。为提供保密性,可在 MAC 函数以后进行一次加密,而且加密密钥须被收、发双方共享,如图 4-13 所示。发送方发送 $E_{K2}(M)\|C_{K1}(M)$。这种方式除具备认证的功能,还具有保密性。

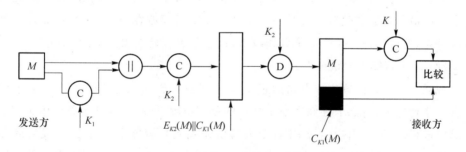

图 4-13　消息认证与保密

3. 身份认证

身份识别(Identification)是指用户向系统出示自己身份证明的过程,而身份认证(Authentication)是系统核查用户的身份证明的过程,实质上是查明用户是否具有他所请求资源的存储和使用权。人们常把这两项工作(Identification and Authentication)统称为身份认证。

身份认证是安全系统中的第一道关卡。如图 4-14 所示,用户在访问安全系统之前,首先经过身份认证系统识别身份,然后访问监控器根据用户的身份和授权数据库决定用户是否能够访问某个资源。授权数据库由安全管理员按照需要进行配置。审计系统根据审计设置记录用户的请求和行为,同时入侵检测系统实时或非实时地查看是否有入侵行为。访问控制和审计系统都要依赖于身份认证系统提供的"情况"——用户的身份。可见身份认证在安全系统中的地位极其重要,是最基本的安全服务,其他的安全服务都要依赖于它。一旦身份认证系统被攻破,那么系统的所有安全措施将形同虚设。

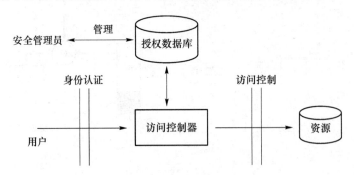

图 4-14　安全系统的逻辑结构

身份认证可以依靠下述三种基本途径之一或它们的组合实现。

① 用户所知道的东西,例如口令、密码等。

② 用户拥有的东西,例如印章、智能卡等。

③ 用户所具有的生物特征,例如指纹、声音、视网膜、签字、笔迹等。

(1) 基于口令的认证方式

基于口令的认证方式是一种最常见的技术,但是存在严重的安全问题。它是一种单因素的认证,安全性依赖于口令,口令一旦泄露,用户即可被冒充。更严重的是用户往往选择简单、容易被猜测的口令,如与用户名相同的口令、生日、单词等,这个问题往往成为安全系统最薄弱的突破口。口令一般是经过加密后存放在口令文件中,如果口令文件被窃取,那么就可以进行离线的字典式攻击,这也是黑客最常用的手段之一。

(2) 基于智能卡的认证方式

智能卡是一种内置集成电路的芯片,具有硬件加密功能,有较高的安全性。每个用户持有一张智能卡,智能卡存储用户个性化的秘密情况,同时在验证服务器中也存放该秘密情况。进行认证时,用户输入 PIN(个人身份识别码),智能卡认证 PIN 成功后即可读出秘密情况,进而利用该情况与主机之间进行认证。基于智能卡的认证方式是一种双因素的认证方式(PIN＋智能卡),即使 PIN 或智能卡被窃取,用户仍不会被冒充。智能卡提供硬件保护措施和加密算法,可以利用这些功能加强安全性能,例如:可以把智能卡设置成用户只能得到加密后的某个秘密情况,从而防止秘密情况的泄露。

智能卡广泛应用于通信、金融、医疗等各个行业。现在基于智能卡身份认证已经有了广泛的应用,如 USBKEY、SIM 卡、SD 卡等。

(3) 基于生物特征的认证方式

这种认证方式是以人体唯一的、可靠的、稳定的生物特征(如指纹、虹膜、脸部、掌纹等)为依据,采用计算机的强大功能和网络技术进行图像处理和模式识别。该技术具有很好的安全性、可靠性和有效性,与传统的身份确认手段相比无疑产生了质的飞跃。

近几年来,全球的生物识别技术已从研究阶段转向应用阶段,该技术的应用前景十分广阔。

4.4.3 防火墙技术

随着计算机网络的发展,上网的人数不断地增大,网上的资源也不断地增加,网络的开放性、共享性、互连程度也随着扩大,所以网络的安全问题也是现在着重考虑的问题。本节介绍网络安全可行的解决方案——防火墙技术,防火墙技术是近年来发展起来的一种保护计算机网络安全的技术性措施,它实际上是一种访问控制技术,在某个机构的网络和不安全的网络之间设置障碍,阻止对情况资源的非法访问,也可以使用它阻止保密情况从受保护网络上被非法输出。

所谓"防火墙",是指一种将内部网和公众访问网(如 Internet)分开的方法,它实际上是一种隔离技术。防火墙是在两个网络通信时执行的一种访问控制尺度,它能允许你"同意"的人和数据进入你的网络,同时将你"不同意"的人和数据拒之门外,最大限度地阻止网络中的黑客来访问你的网络。换句话说,如果不通过防火墙,公司内部的人就无法访问 Internet,Internet 上的人也无法和公司内部的人进行通信。

防火墙的类型有个人防火墙、网络层防火墙、应用层防火墙。

(1)个人防火墙

个人防火墙是防止您电脑中的信息被外部侵袭的一项技术,在您的系统中监控、阻止任何未经授权允许的数据进入或发出到互联网及其他网络系统。个人防火墙产品如著名 Symantec 公司的诺顿、Network Ice 公司的 BlackIce Defender、MacAfee 公司的思科及 Zone Lab 的 free ZoneAlarm 等,都能帮助您对系统进行监控及管理,防止特洛伊木马、spy-ware 等病毒程序通过网络进入您的电脑或在您未知情况下向外部扩散。这些软件都能够独立运行于整个系统中或针对个别程序、项目,所以在使用时十分方便及实用。

(2)网络层防火墙

网络层防火墙可视为一种 IP 封包过滤器,运作在底层的 TCP/IP 协议堆栈上。我们可以以枚举的方式,只允许符合特定规则的封包通过,其余的一概禁止穿越防火墙。这些规则通常可以经由管理员定义或修改,不过某些防火墙设备可能只能套用内置的规则。

(3)应用层防火墙

应用层防火墙是在 TCP/IP 堆栈的"应用层"上运作,您使用浏览器时所产生的数据流或是使用 FTP 时的数据流都是属于这一层。应用层防火墙可以拦截进出某应用程序的所有封包,并且封锁其他的封包(通常是直接将封包丢弃)。理论上,这一类的防火墙可以完全阻绝外部的数据流进到受保护的机器里。

因为传统的防火墙设置在网络边界,外于内、外部互联网之间,所以称为"边界防火墙(Perimeter Firewall)"。随着人们对网络安全防护要求的提高,边界防火墙明显感觉到力不从心,因为给网络带来安全威胁的不仅是外部网络,更多的是来自内部网络。但边界防火墙无法对内部网络实现有效地保护,除非对每一台主机都安装防火墙,这是不可能的。基于此,一种新型的防火墙技术——分布式防火墙(Distributed Firewalls)技术产生了。由于其优越的安全防护体系符合未来的发展趋势,所以这一技术一出现便得到许多用户的认可和接受,它具有很好的发展前景。

分布式防火墙的特点:主机驻留、嵌入操作系统内核、类似于个人防火墙、适用于服器托管。

分布式防火墙的功能：Internet 访问控制、应用访问控制、网络状态监控、黑客攻击的防御、日志管理、系统工具。

分布式防火墙的优势有如下几点。

(1) 增强的系统安全性：增加了针对主机的入侵检测和防护功能，加强了对来自内部攻击防范，可以实施全方位的安全策略。

(2) 提高了系统性能：消除了结构性瓶颈问题，提高了系统性能。

(3) 系统的扩展性：分布式防火墙随系统扩充提供了安全防护无限扩充的能力。

(4) 实施主机策略：对网络中的各节点可以起到更安全的防护。

(5) 应用更为广泛，支持 VPN 通信。

4.4.4　VPN 技术

虚拟专用网络(Virtual Private Network，VPN)的产生是伴随着企业全球化而进行的。随着 Internet 的商业化，大量的企业内部网络与 Internet 相连，随着企业全球化的发展，不同地区企业内部的网络需要互联。以往传统的方式是通过租用专线实现的。出差在外的人员如果需要访问公司内部的网络，以往不得不采用长途拨号的方式连接到企业所在地的内部网，这些连接方式的价格非常昂贵，同时造成网络的重复建设和投资。Internet 的发展推动了采用基于公网的虚拟专用网的发展，从而使跨地区企业的不同部门之间，或者政府的不同部门之间通过公共网络实现互联成为可能。VPN 采用专用的网络加密和通信协议，可以使企业在公共网络上建立虚拟的加密通道，构筑自己安全的虚拟专网，通过虚拟的加密通道与企业内部的网络连接，而公共网络上的用户则无法穿过虚拟通道访问企业的内部网络。典型的 VPN 系统如图 4-15 所示。

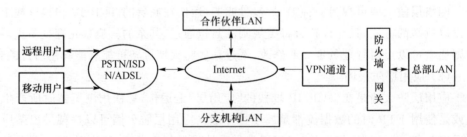

图 4-15　典型的 VPN 系统组成

VPN 系统主要采用以下安全技术。

(1) 隧道技术

隧道技术是 VPN 技术的底层支撑技术。所谓隧道，实质上是一种封装，就是将一种协议(协议 X)封装在另一种协议(协议 Y)中传输，从而实现协议 X 对公用网络的透明性。这里协议 X 称为被封装协议，协议 Y 被称为封装协议，封装时一般还要加上特定的隧道控制情况，因此隧道协议的一般形式为(协议 Y(隧道头(协议 X)))。在公用网络(一般指因特网)上传输过程中，只有 VPN 端口或网关的 IP 地址暴露在外边。隧道解决了专网与公网的兼容问题，其优点是能够隐藏发送者、接受者的 IP 地址以及其他协议情况。

VPN 采用隧道技术向用户提供了无缝的、安全的、端到端的连接服务,以确保情况资源的安全。

隧道是由隧道协议形成的。隧道协议分为第二、第三层隧道协议,第二层隧道协议如 L2TP、PPTP、L2F 等,它们工作在 OSI 体系结构的第二层(即数据链路层);第三层隧道协议如 IPSec、GRE 等,工作在 OSI 体系结构的第三层(即网络层)。第二层隧道和第三层隧道的本质区别在于:用户的 IP 数据包被封装在不同的数据包中在隧道中传输。

第二层隧道协议是建立在点对点协议 PPP 的基础上,充分利用了 PPP 协议支持多协议的特点,先把各种网络协议(如 IP、IPX 等)封装到 PPP 帧中,再把整个数据包装入隧道协议。PPTP 和 L2TP 主要用于远程访问虚拟专用网。

第三层隧道协议是把各种网络协议直接装入隧道协议中,形成的数据包依靠网络层协议进行传输。无论从可扩充性,还是安全性、可靠性方面,第三层隧道协议均优于第二层隧道协议。IPSec 即 IP 安全协议是目前实现 VPN 功能的最佳选择。

(2)加解密、认证技术

它是 VPN 的另一核心技术。为了保证数据在传输过程中的安全性,不被非法用户窃取或篡改,一般都在传输之前进行加密,在接收方再对其进行解密。

密码技术是保证数据安全传输的关键技术,以密钥为标准,可将密码系统分为单钥密码(又称为对称密码或私钥密码)和双钥密码(又称为非对称密码或公钥密码)。单钥密码的特点是加密和解密都使用同一个密钥,因此,单钥密码体制的安全性就是密钥的安全,其优点是加解密速度快。最有影响的单钥密码是美国国家标准局颁布的 DES 算法(56 比特密钥),而 3DES(112 比特密钥)被认为是目前不可破译的。双钥密码体制下加密密钥与解密密钥不同,加密密钥公开,而解密密钥保密,相比单钥体制,其算法复杂且加解密速度慢。所以现在的 VPN 大都采用单钥的 DES 或 3DES 作为加解密的主要技术,而以公钥和单钥的混合加密体制(即加解密采用单钥密码,而密钥传送则采用双钥密码)来进行网络上密钥的交换和管理,不但提高了传输速度,还具有良好的保密功能。

认证技术可以防止来自第三方的主动攻击。一般用户和设备双方在交换数据前,先核对证书,如果准确无误,双方才开始交换数据。用户身份认证最常用的技术是用户名与密码方式。而设备认证则需要依赖由 CA 所颁发的电子证书。

目前主要的认证方式有:简单口令如质询握手验证协议 CHAP 和密码身份验证协议 PAP 等;动态口令如动态令牌和 X.509 数字证书等。简单口令认证方式的优点是实施简单、技术成熟、互操作性好,但安全性不高,只能适用于一些基本的应用。动态口令具有很高的安全性,互操作性好,且支持动态地加载 VPN 设备,可扩展性强。

(3)密钥管理技术

密钥管理的主要任务就是保证在开放的网络环境中安全地传递密钥,而不被窃取。目前密钥管理协议包括 ISAKMP、SKIP、MKAP 等。Internet 密钥交换协议 IKE 是 Internet 安全关联和密钥管理协议 ISAKMP 框架的实例化,现已成为主要的密钥管理标准。IKE 使用 ISAKMP 语言来定义密钥的交换,综合了 Oakley 和 SKEME 的密钥交换方案,通过协商安全策略,形成各自的验证加密参数。IKE 交换的最终目的是提供一个通过验证的密钥以及建立在双方同意基础上的安全服务。SKIP 主要是利用 Differ-

Hellman 的演算法则,在网络上传输密钥。

（4）访问控制技术

虚拟专用网的基本功能就是不同的用户对不同主机或服务器的访问权限是不一样的。由 VPN 服务的提供者与最终网络情况资源的提供者共同来协商确定特定用户对特定资源的访问权限,以此实现基于用户的细粒度的访问控制,实现对情况资源的最大限度保护。访问控制策略可以细分为选择性访问控制和强制性的访问控制。选择性访问控制是基于主体或主体所在组的身份,一般被内置于许多操作系统当中,强制性访问控制是基于被访问情况的敏感性。

4.5 深度报文检测技术

深度报文检测技术即 DPI 技术,是一种基于应用层的流量检测和控制技术,当 IP 数据包、TCP 或 UDP 数据流通过基于 DPI 技术的带宽管理系统时,该系统通过深入读取 IP 包载荷的内容来对 OSI 七层协议中的应用层信息进行重组,从而得到整个应用程序的内容,然后按照系统定义的管理策略对流量进行操作。

4.5.1 概述

深度报文检测技术是一种基于应用层的流量检测和控制技术,当 IP 数据包、TCP 或 UDP 数据流通过基于 DPI 技术的带宽管理系统时,该系统通过深入读取 IP 包载荷的内容来对 OSI 七层协议中的应用层信息进行重组,从而得到整个应用程序。

1. 基于"特征字"的识别技术

不同的应用通常依赖于不同的协议,而不同的协议都有其特殊的指纹,这些指纹可能是特定的端口、特定的字符串或者特定的 Bit 序列。基于"特征字"的识别技术通过对业务流中特定数据报文中的"指纹"信息的检测以确定业务流承载的应用。

根据具体检测方式的不同,基于"特征字"的识别技术又可以被分为固定位置特征字匹配、变动位置的特征匹配以及状态特征匹配三种技术。

通过对"指纹"信息的升级,基于特征的识别技术可以很方便地进行功能扩展,实现对新协议的检测。

如 Bittorrent 协议的识别,通过反向工程的方法对其对等协议进行分析,所谓对等协议指的是 peer 与 peer 之间交换信息的协议。对等协议由一个握手开始,后面是循环的消息流,每个消息的前面,都有一个数字来表示消息的长度。在其握手过程中,首先发送 19,然后是字符串"BitTorrent Protocol"。那么"19BitTorrent Protocol"就是 Bittorrent 的"特征字"。

2. 应用层网关识别技术

某些业务的控制流和业务流是分离的,业务流没有任何特征。这种情况下,我们就需要采用应用层网关识别技术。

应用层网关需要先识别出控制流,并根据控制流的协议通过特定的应用层网关对其进行解析,从协议内容中识别出相应的业务流。

对于每一个协议,需要有不同的应用层网关对其进行分析。

如 SIP、H323 协议都属于这种类型。SIP/H323 通过信令交互过程,协商得到其数据通道,一般是 RTP 格式封装的语音流。也就是说,纯粹检测 RTP 流并不能得出这条 RTP 流是通过哪种协议建立的。只有通过检测 SIP/H323 的协议交互,才能得到其完整的分析。

3. 行为模式识别技术

行为模式识别技术基于对终端已经实施的行为的分析,判断出用户正在进行的动作或者即将实施的动作。行为模式识别技术通常用于无法根据协议判断的业务的识别。例如:SPAM(垃圾邮件)业务流和普通的 E-mail 业务流从 E-mail 的内容上看是完全一致的,只有通过对用户行为的分析,才能够准确的识别出 SPAM 业务。

以上三种识别技术分别用于不同类型协议的识别,无法相互替代。

4.5.2 技术特征

1. 应用层加密/解密

SSL 广泛被应用于各种场合,以确保相关数据的安全性。这就对防火墙提出了新要求:必须能够处理数据加密/解密。如果不对 SSL 加密的数据进行解密,防火墙就不能对负载的信息进行分析,更不可能判断数据包中是否含有应用层攻击信息。如果没有解密功能,深度检测的所有优点都无法体现出来。

由于 SSL 加密的安全性很高,企业常使用 SSL 技术,以确保关键应用程序的通信数据的安全性。如果深度检测不能对企业中关键应用程序提供深度检测安全性的话,整个深度检测的优势将失去意义。

2. 正常化

防范应用层攻击,很大程度上依赖于字符串匹配,不正常的匹配会造成安全漏洞。比如,为了探知某种请求的安全策略是否被启用,防火墙通常根据请求的 URL 与安全策略来进行匹配。一旦与某种策略条件完全匹配,防火墙就采用对应的安全策略。指向同一个资源的 URL 或许有多种不同形态,如果该 URL 的编码方式不同的话,二进制方式的比较就不起作用了。攻击者会利用各种技术,对输入的 URL 进行伪装,企图避开字符串匹配,以达到越过安全设备的目的。

这些攻击行为在欺骗 IDS 和 IPS 方面特别有效,因为攻击代码只要与安全设备的特征库有一点点不同,就能够达到目的。

解决字符串匹配问题需要利用正常化技术,深度检测能够识别和阻止大量的攻击。对于防范隐藏在帧数据、Unicode、URL 编码、双重 URL 编码和多形态的 Shell 等类型的攻击行为,必须要用到正常化技术。

3. 协议一致性

应用层协议,如 HTTP、SMTP、POP3、DNS、IMAP 和 FTP,在应用程序中经常用到。每个协议都由 RFC(Request For Comment)相关规范创建。

深度检测防火墙,必须确认应用层数据流是否与这些协议定义相一致,以防止隐藏其中的攻击。

深度检测在应用层进行状态检测。协议一致性通过对协议报文的不同字段进行解密而实现,当协议中的字段被识别出来后,防火墙采用 RFC 定义的应用规则来检查其合法性。

4. 双向负载检测

深度检测具有强大功能,能够允许数据包通过、拒绝数据包、检查或修改第 4 到 7 层数据包,包括包头或负载。HTTP 深度检测能够查看到消息体中的 URL、包头和参数等信息。深度检测防火墙能够自动进行动态配置,以便正确检测服务变量,如最大长度、隐藏字段和 Radio 按钮等等。如果请求的变量不匹配、不存在或者不正确的话,深度检测防火墙会将请求丢弃,将该事件写入日志,并给管理员发出警告信息。

4.5.3 常规应用

1. 业务识别

一般而言,对于业务识别有两种方法,一种是对运营商开通的合法业务,另一种是运营商需要进行监管的业务。

前者可以通过业务流的五元组来标识,如 VOD 业务,其业务流的地址是属于 VOD 服务器网段的地址,其端口是一个固定的端口。系统一般采用 ACL 的方式,识别出该类业务。

后者需求 DPI 技术,通过前述的业务识别方法,通过对 IP 数据包的内容进行分析,通过特征字的查找或者业务的行为统计,得到业务流的类型。

2. 业务控制

通过 DPI 技术识别出各类业务流之后,根据网络配置的组合条件,如用户、时间、带宽、历史流量等,对业务流进行控制。控制方法包括:正常转发、阻塞、限制带宽、整形、重标记优先级等。

为了便于业务的运营,业务控制策略一般集中配置在策略服务器中,用户上线后动态下发。

3. 业务统计

DPI 的业务统计功能是为了直观的统计网络的业务流量分布和用户的各种业务使用情况,从而更好地发现促进业务发展和影响网络正常运营的因素,为网络和业务优化提供依据。如:发掘对用户有吸引力的业务、验证业务提供水平是否达到了用户的服务等级协议 SLA、统计分析出网络中的攻击流量占多少比例、多少用户正在使用某种游戏业务、哪几种业务最消耗网络的带宽和哪些用户使用了非法 VoIP 等。

DPI 的检测技术和网络上非正常应用的反检测是矛和盾的关系。前面谈到的 DPI 技术不是静止不变的,随着检测技术的发展,非正常应用的隐藏技术也在演进。如对数据部分加密、隐藏特征字和通过隧道技术躲避检测等。

DPI 技术在发展中将不断调整上述的检测方法,从而达到比较高的检测精度。

总之,DPI 技术将逐渐在安全、业务控制、UART 接口模块等方面广泛应用,为运营商精细控制和运营网络提供一种利器。

第 5 章
网络管理的主要功能

OSI 对管理功能进行了领域划分,定义了配置、性能、故障、安全和计费 5 个管理功能领域,管理功能领域概念的提出便于分清领域之间及各项具体功能之间的关系,便于管理功能的研究、设计和实现。

5.1 网元管理功能概述

网元基本管理功能可以分为下面几个方面。

(1) 配置管理:配置管理是最基本的网络管理功能,它负责监测和控制网络的配置状态。具体来说,及时在网络建立、扩充、改造以及业务的开展过程中,对网络的拓扑结构、资源配置、使用状态等配置信息进行定义、监测和修改。配置管理主要提供资源清单管理、资源提供、业务提供、网络拓扑结构服务等功能。资源清单的管理是配置管理的基本功能,资源提供是为满足新业务需求及时地配备资源,业务提供是为客户分配业务或功能。配置管理建立和维护配置管理信息库(MIB),配置 MIB 不仅供配置管理功能使用,也要供其他的管理功能使用。

(2) 故障管理:故障管理的作用是迅速发现和纠正网络故障,动态维护网络的有效性。故障管理的主要功能有告警监测、故障定位、测试、业务恢复以及修复等,同时还要维护告警日志。在网络的监测和测试中,故障管理参考配置管理的资源清单来识别网络元素。如果维护状态发生变化,则故障设备要被替换。若通过网络重组迂回故障时,故障管理要与计费管理互通,以赔偿用户的损失。

(3) 性能管理:性能管理保证有效运营网络和提供约定的服务质量。在保证各种业务的服务质量(QoS)的同时,尽量提高网络资源利用率。性能管理包括性能监测功能、性能分析功能和性能管理控制功能。性能管理中获得的性能监测和分析结果是网络规划和资源提供的重要依据,因为这些结果能够反映当前或即将发生的资源不足。性能管理进行性能指标监测、分析和控制时要访问配置 MIB。在发现网络性能严重恶化时,性能管理要与故障管理互通。

(4) 安全管理:安全管理的作用是提供信息的保密、认证和完整性保护机制,使网络中的服务、数据和系统免受侵扰和破坏。安全管理主要包含风险分析功能、安全服务功能、告警、日志、报表功能和网络管理系统保护功能。安全管理与其他管理功能有着密切的关系。安全管理要调用配置管理中的系统服务对网络中的安全设施进行控制和维护。网络发现安全方面的故障时,要向故障管理通报安全故障事件以便进行故障诊断和恢复。

5.2 配置管理

配置管理的目的是管理网络的建立、扩充、改造和提供。为此配置管理主要提供资源管理、资源提供功能、业务提供功能和网路脱坡服务功能。配置管理是一个中长期的活动,它要管理的是网络的新建、增容、设备更新、新技术的应用、新业务的提供、新用户的加入、业务的撤销、用户的迁移等原因所导致的网络配置的变更。

配置管理是最基本的网络管理功能。它负责建立配置 MIB,配置 MIB 不仅为配置管理服务,也要为其他管理功能服务。建立配置 MIB 就是要利用管理信息模型对网络资源的配置状况进行描述,也就是要定义配置管理信息。因此实现配置管理,关键是配置管理信息的定义。

有了配置 MIB,便可以通过获取被管对象的属性值对网络的配置状况进行监测,通过设置被管对象的属性值,定义和修改被管对象间的关系对网络的配置状况进行控制。通过网络管理协议,对被管对象值可以进行远程的获取和设置操作,从而也就可以实现对网络配置状况的远程监测和控制。

5.2.1 资源清单管理功能

资源清单管理是配置管理的基本功能,用来提供网络管理所需要的各种网络资源的数据。这一功能管理的主要资源有如下几点。

设备:如调制解调器、复用器、交换机、路由器、主机、前端及后台处理器等。

器材:设备之间的直达物理连接线路,如中继线、用户线等。

电路:端点设备之间的逻辑连接路线,可能包含多条物理线路。

网络:如 LAN、WAN、MAN、本地网、长途网等。

提供的服务:如市话、长话、IP 电话、拨号上网、寻呼等。

客户:接受服务的用户。

厂商:提供设备的厂商。

地点:设备或管理人员所在地。

软件:系统软件和应用软件。

联系人:设备或软件厂商联系人。

上述资源通过管理信息模型被描述为被管对象,存放在配置 MIB 之中。资源清单管理功能就是提供对这些被管对象进行提取、增加、删除、修改、检索、查询、汇总等操作能力,并通过文字、图形、图像等形式进行显示或打印,以便于网络管理者随时掌握和了解网络配置及资源利用的状况。

5.2.2 资源提供功能

资源提供功能保证根据客户的业务需求,经济合理的供应、开发和配置所需的资源。资源提供功能中所指的资源主要是指提供接入、交换、传输、MIB 等功能的网络元素(NE)。这些 NE 既有硬件也有软件。硬件如基础设施、公用装置、插接件、跳线等。软件如操作系统、数据库等。除这些硬件和软件之外、还涉及一些"软资源",如局或 NE 的本地配置数据、客户名录等。

5.2.3 业务提供功能

业务的提供从客户要求业务时开始,到网络实际提供业务时结束。它包含网络装载和管理业务所需要的过程。业务的提供也具有向各个客户分配物理或逻辑资源的能力。

5.2.4 网络拓扑服务功能

拓扑关系和层次关系是网络元素之间的主要关系。网络拓扑服务提供网络及其构成的各个层次布局的显示功能。显示的网络布局有 3 种形式:物理布局、逻辑布局和电气布局。为了支持各个层次各种形式的网络布局显示,配置 MIB 不仅要存放当前的配置数据,还要存放历史的配置数据,以便能够显示网络布局的变化过程。

实现网络拓扑服务功能,需要网络拓扑发现技术的支持。网络拓扑发现就是根据网络的配置信息绘制出网络连接关系图的技术。这种技术在 Internet 管理中得到了比较广泛的应用。目前拓扑发现方法主要有 3 种:基于路由表的方法、基于 ARP 的方法和基于 ICMP 的方法。

基于路由表的方法根据路由表中的"下一站地址",顺序发现网络中路由器所在的节点,从而获得整个网络拓扑关系。这种方法具有算法简单、运算开销小、拓扑关系完整等优点,缺点是无法发现网络中无选路功能的设备,如交换机和主机。

基于 ARP 的方法根据 ARP 表进行拓扑发现,任何有 Ethernet 接口的网络设备都有 ARP 表,其中包含相应端口对应网段内的所有网络设备的 IP、Ethernet 地址等信息。因此根据任何一台路由器或交换机的 ARP 表,可以发现与其相连的以太网中的所有设备。再根据其他信息判断网络中的路由器和交换机,并继续根据其 ARP 表继续发现,便可得出整个网络的拓扑关系。这种方法的特点是发现效率高,可以基于 SNMP 和 CMIP 实现,一般只适用于局域网。

基于 ICMP 的方法是利用 ICMP 中所包含的 echo/echo reply 消息对的方法。通过应用这个消息对,可以测试网络设备的活动状态。因此可以通过对一个网段内所有可能的 IP 地址发送 echo 消息,来搜索网段内活动的设备。这种方法简单、可靠、发现效率高,但只能判定设备的活动性,不能得出它们之间的连接关系,在构造拓扑关系时还要依赖其他信息。

5.3 故障管理

故障管理的目的是迅速发现和纠正网络故障,动态维护网络的有效性。故障管理的主要功能有告警监测、故障定位、测试、业务恢复、故障修复以及故障日志维护等。

网络对于设备和传输媒体的故障是脆弱的。同时网络的故障类型也是多种多样的,硬件、软件和数据的问题都可能引发网络故障。例如,施工作业切断电缆、系统改造或重新设定时的错误、程序缺陷、数据库错误、自然灾害等都是引发网络故障的原因。因此,为了保证网络的正常运转,故障管理是很重要的。

网络发生故障后要迅速进行故障诊断和故障定位,以便尽快回复业务,修复故障。故障管理可以采取两种策略,即事后策略和预防策略。事后策略一旦发现故障迅速进行修复的策略,而预防策略是通过随时进行性能分析,一旦发现故障苗头便采取修复措施的策略。另一种预防策略是事先配置备用资源,用备用资源迅速替换故障资源的方法。

随着网络容量的迅猛扩大,网络故障所带来的损失也越来越大。因此,现在进行故障管理越来越多地采用预防策略。网络自愈就是按照预防策略实现故障管理的一种技术。这种技术对光纤传输网络非常重要,得到了大力的研究、开发和应用。

5.3.1 告警监测功能

告警监测功能要完成网络状态监督和故障监测两个任务。

网络状态监督可以通过配置管理中的网络拓扑服务功能进行网络状态显示,监督网络中的业务量状态,以发现问题。

故障检测的关键是确定有效的故障检测手段,以产生正确、及时、清楚的告警信息。但是,往往有些故障难于用一种手段准确地检测出来,因而需要设计多种检测手段。但是对一种故障采用的检测手段过多,会导致告警信息过多,反而不利于故障的排查。

发现告警信息后,要进一步收集有关信息,如功能单元或硬件单元的类型和标识符、发现故障的检测方法、发现故障的时间以及告警等级等。要将收集到的信息按时间顺序登录到告警日志中,以便为故障定位提供数据。

为了确认是否发生了故障,要对产生的告警信息进行过滤分析。过滤告警信息有多种方法,如阈值过滤、分组过滤、优先级过滤等。目前,基于数据挖掘的告警关联分析越来越受到重视,它将告警之间的关联关系挖掘出来,在此基础上实现告警过滤。通过过滤会去除大量冗余的告警信息,有利于针对主要问题进行分析和判断,快速找出根源故障。

5.3.2 故障定位功能

故障定位功能的作用是确定设备中故障的位置。为确定故障原因,常常需要将诊断、测试以及性能监测获得的数据结合起来进行分析。

故障定位的手段主要有诊断、试运行以及软件检查。

（1）诊断

诊断的作用是检验设备的性能是否正常。诊断常常是打扰性的，即在诊断进行期间，被诊断的设备不能进行正常的业务。诊断也是业务提供时设备验收测试的有效工具。诊断程序通常一发现故障就终止运行，但为了报告多个故障，也可以将诊断设计为连续模式，这种模式在测试新安装的设备时特别有用。

（2）试运行

试运行是将部分网络元素隔离，利用被试行设备正常的输入/输出端口和测试器，系统的测试被隔离网络元素的所有服务特性。

（3）软件检查

软件检查有核查、校验和、运行测试、程序跟踪等多种方法。核查是与备份的数据相比较；校验和的值依赖于软件的总的内容，程序或数据的改变，都会引起校验和的变化，校验和是快速检验软件正确性的一种方法；运行测试是用一组特定的输入数据执行程序，将输出与预期值相比较，检查被执行程序的正确性；程序跟踪是查找程序设计中的缺陷的方法。

5.3.3 电路测试功能

传输设备的测试功能与诊断功能不同。诊断可以在一个系统内进行，而测试常常涉及位于不同物理位置的多个系统。在测试中，故障定位包括故障划分和故障隔离两个方面，故障划分是确定包含故障的电路，故障隔离是确定包含故障的特定光缆、线对及可更换模块。

测试在业务开通和维护时进行。开通测试是检验功能或设备是否正常，开通测试最有效的方式是端到端测试。维护测试是检测障碍和检验修复，提供测试入口的装置可以在电路、通道或传输媒体中设计。一般在不同的维护区间的接口处需要设置测试入口，另外，为测试特定的线路特性也需要测试入口。测试可以在电路、通道、传输线路等各种层次上进行，可以是打扰性的，也可以是非打扰性的。

发生故障后，一般采用端到端测试检查故障。在端到端测试中，二分查找策略可以获得较高的效率，即选取靠近线路中心的测试入口，分别测试与两个端口所构成的两个区间段。然后将测试范围缩小到包含故障的区间段，继续二分查找策略。注意这里的中心，不是距离概念下的中心，而是基于区间段内可利用的测试入口数的中心。

5.3.4 业务恢复功能

业务恢复功能是指在网络发生故障后，利用迂回路由或备用资源等手段提供业务的功能。这里的恢复有两个含义，一个含义是恢复对新建立连接的业务的传递，另一个含义是恢复对已建立连接的业务的传递。相对前者，后者对恢复技术的响应速度要求更高。

恢复策略主要有以下几种。

（1）隔离包含故障的设备，利用其余资源继续维持业务。这种策略通常会引起业务能力下降。

（2）将业务从故障设备切换到预备设备。

（3）使用环或网状网络本身具有的从路功能。

5.4　性能管理

性能管理主要对有关通信设备和网络的传输性能参数的报告和评估。主要职能是收集通信网络中有关设备实际运行的质量数据、统计数据，用于监视或校正网络或设备的状况和性能，为维护人员提供评价、分析、预测和规划的依据。

性能管理的目的是维护网络服务质量和网络运营效率。性能管理主要提供性能监测功能、性能分析功能以及性能管理控制功能。另外还有在发现性能严重下降时启动故障管理系统的功能。

网络服务质量和网络运营效率有时是相互制约。由于较高的服务质量通常需要较多的网络资源（带宽、CPU 时间等），因此在制订性能目标时要在服务质量和运营效率之间进行权衡。在网络服务质量必须优先保证的场合，就要适当降低网络的运营效率指标；相反，在强调网络运营效率的场合，就要适当降低服务质量指标。但一般在性能管理中，维护服务质量排第一位。网络运营效率的提高主要依靠其他的网络管理功能，如通过网络规划管理、网络配置管理来实现。

在性能管理各个功能中，性能监测功能联机监测网络性能数据，报告网络元素状态、控制状态和拥塞状态以及业务量性能；性能分析功能对监测到的性能数据进行统计分析，形成性能报表，预测网络近期性能，维护性能日志，寻找现实的和潜在的瓶颈问题，如发现异常进行告警；性能管理控制功能控制性能监测数据的属性、阈值以及报告时间表，改变业务量的控制方式，控制业务量的测量及报告时间表。

业务量控制和路由选择是保证网络具有良好性能的两项关键技术。通过多年研究、开发和应用，业务量控制技术和路由选择技术具有了丰富的内容，并基本形成了体系。

5.4.1　网络性能指标

进行性能管理，首先要设立有效的网络性能指标，通过对性能指标的监测和计算对网络所提供的服务质量和运营效率进行评价。OSI 系统管理标准中定义了集中用于描述分组交换网络性能的指标，这些参数对描述其他类型网络的性能也具有重要的参考价值。

网络性能指标可以分为面向服务质量和面向网络效率的两类指标。OSI 系统管理标准中定义的主要指标如下。

（1）面向服务质量的指标（主要包括有效性、响应时间和差错率）

① 有效性是描述网络整体性能的指标，反映网络能够正常提供服务的时间比率。

② 响应时间是一个重要的服务质量指标，是用户感觉最直接的指标之一，对用户的满意程度影响很大。响应时间由传输时间和处理时间组成，因此响应时间指标一般可分为总时间响应、网络传输时延以及处理机时延 3 种。

③ 差错率在电话网中表现为话音的失真，在数据网中表现为误码。这些不但是用户所能直接感受到的，而且可能会导致意想不到的严重后果，因此是一个十分重要的质量参数。

（2）面向网络效率的指标（主要有吞吐量和利用率）

① 吞吐量是一个反映全网通信总容量的简单而实用的指标。一般采用比较易于理解和有实际意义的度量方法，例如，单位时间内各节点间的连接数量、单位时间内用户间的会话数量等。

② 利用率是反映网络资源使用频度的指标。通过分析网络中各种资源的利用率，可以发现制约网络性能的瓶颈，以便制定提高网络吞吐量的最佳方案。

新业务、新技术或者网络结构的性能规划要从设定网络服务质量指标和网络效率指标开始。性能目标的设定既要保证用户满意的服务质量，又要考虑业务提供者的经济效益。用户对服务质量的要求会随时间发生变化。运营者的成本也会随新技术的应用而发生变化。这就决定了网络性能的目标设定是一个需要反复进行的过程。

性能目标设定的主要过程如下。

（1）通过主观测试了解用户意见和接受水平。

（2）确定提供给用户的服务质量。

（3）确定由服务质量指标和网络运营效率指标表示的性能目标。

5.4.2　性能监测功能

性能监测功能对网络的性能数据进行连续的采集。网络服务质量的降低，往往是由于设备的偶然性或间歇性问题造成的，而这类问题又难以按故障检测的方法检测出来。因此需要设计性能监测功能，用连续采集性能数据的方法对网络服务质量进行监测，并尽量做到在网络性能降低到不可接受的程度之前及时发现问题。

性能监测与故障管理中的告警监测有很大关系，两者都是对设备和传输媒介中的问题进行检测。但告警监测是对故障事件进行检测，而性能监测是对单位时间内性能低于设定阈值的异常事件的数量进行检测。即性能监测感兴趣的是统计数据，而不是各个故障事件的特性数据。

性能监测有以下几种应用。

（1）防范服务

检测和统计设备或电路出现性能降低问题的次数。在系统中存在原因不明的问题时，可以利用防范服务对问题进行定量分析，查找导致性能降低的偶然性或间歇性原因，以便能够预测故障的发生。

（2）验收测试

在网络设备或工程的验收测试中，性能监测可以被用于检验新安装的设备的质量。

（3）履行合同

在某些情况下，客户会要求担保通信业务。这时，性能监测的数据可以用于计算收费折扣。

5.4.3　性能分析功能

性能分析功能要完成以下任务。

（1）对监测到的性能数据进行统计和计算，获得网络及其主要元素的性能指标，定期产生性能报表。

（2）负责维护性能 MDB、存储网络及其主要元素性能的历史数据。

（3）根据当前数据和历史数据对网络及其主要元素的性能指标进行分析，获得性能的变化趋势，分析制约网络性能的瓶颈数据。

（4）在网络性能异常的情况下向网络管理者进行告警，在特殊情况下，直接启动故障管理功能进行反应。

性能分析的基础是建立和维护一个有效的性能管理数据库（Management Database, MDB）。在此基础上，要解决的关键问题是设计和构造有效的性能分析方法。传统的方法是基于解析的方法。解析的方法又分为预测法和解释法两种。预测法根据网络的结构以及各个网络元素的性能推测网络的总体性能。解释法是从网络的结构以及观测到的总体性能出发，推测出各个网络元素性能的方法。基于解析的方法具有局限性，对于比较复杂的关系难以迅速得到正确结果。现在基于人工智能的网络性能分析方法越来越受到重视。在这种方法中，利用专家系统对网络性能进行分析，提高了分析的水平和速度。

5.4.4　性能管理控制功能

性能管理控制功能要完成以下任务。

（1）监测网络中的业务量，调查网络元素的业务量处理状况。

（2）按照网络业务量控制的原则、策略和方法，进行正常的业务量控制。

（3）在网络发生过负荷等情况下，采取非常情况下的业务量控制、路由选择等措施。

业务量数据采集是性能管理控制功能的基础，数据采集时间间隔也由性能管理控制功能控制。例如，对于准实时的管理，5 分钟一次，对于一般的管理，1 小时或 24 小时一次。

业务量控制是根据网络容量限制业务量过多流入网络或网络中的特定路线，以防止产生拥塞降低网络性能的一项技术，针对不同的网络、不同的服务，有不同的原则、策略和方法。路由选择是在网络中选择传递业务的最佳或合理路线，以提高网络服务质量和效率的技术。路由选择技术也常常被用来进行业务量的控制。

5.5　安全管理

安全管理的目的是提供信息的保密、认证和完整性保护机制，使网络中的服务、数据以及系统免受侵扰和破坏。目前采用的网络安全措施主要包括通信伙伴认证、访问控制、数据保密和数据完整性保护等。一般安全管理系统包含风险分析功能、安全服务功能、告警、日志和报表功能、网络管理系统保护功能等。

需要明确的是，安全管理系统并不能杜绝所有对网络的侵扰和破坏，它的作用仅在于最大限度地防范以及在收到侵扰和破坏后将损失尽量降低。具体地说，安全管理系统的主要作用有以下几点。

（1）采用多层防卫手段，将收到侵扰和破坏的概率降到最低。

（2）提供迅速检测非法使用和非法初始进入点的手段，核查跟踪侵入者的活动。

（3）提供恢复被破坏的数据和系统的手段，尽量降低损失。

（4）提供查获侵入者的手段。

网络信息安全技术是实现网络安全管理的基础。近年来，网络信息安全技术得到了迅猛的发展，已经产生了十分丰富的理论和实际内容。

5.5.1　风险分析功能

风险分析是安全管理系统需要提供的一个重要功能。它要连续不断地对网络中的消息和事件进行检测，对系统受到侵扰和破坏的风险进行分析。风险分析必须包括网络中所有有关的成分。

进行风险分析的一个方法是构造威胁矩阵，显示各个部分潜在的非攻击性或攻击性威胁。

非攻击性威胁包括如下几点。

（1）盗听通话：目的是识别通话双方，获取秘密信息。

（2）盗取数据：目的是获取口令等秘密信息。

（3）分析业务流：获取业务量特征，以便进一步进行侵扰破坏。

在大多数情况下，非攻击性威胁是可以防范的。而攻击性威胁却不能完全防范，常常会引起较严重的后果。

攻击性威胁包括如下几点。

（1）阻延或重发：重复或阻延信息的传送，以迷惑和干扰信息的接收者。

（2）插入或删除：插入或删除传输中的信息，使信息接收者产生错误的反应。

（3）修改数据：对关键数据（如账号）进行修改，引起网络管理的混乱。

（4）伪造身份：使用伪造的身份标识进入网络，访问无权访问的信息，进行非法操作。

5.5.2　安全服务功能

网络可采用的安全服务有多种多样，但是没有哪一个服务能够抵御所有的侵扰和破坏，只能通过对多种服务进行合理的组合来获取满意的网络安全性能。

网络安全服务是通过网络安全机制实现的。OSI 系统管理标准中定义了 8 种网络安全机制，它们是加密、数字签名、访问控制、数据完整性、认证、伪装业务流、路由控制、公证。

下面介绍几种比较重要的网络安全服务。

（1）通信伙伴认证

通信伙伴认证服务的作用是使通信伙伴之间相互确认身份，防止他人插入通信过程。认证一般在通信之前进行。但在必要的时候也可以在通信过程中随时进行。认证有两种形式，一种是检查一方的标识的单方认证，另一种是通信双方相互检查对方标识的相互认证。

通信伙伴认证服务可以通过加密机制、数字签名机制以及认证机制实现。

（2）访问控制

访问控制服务的作用是保证只有被授权的用户才能访问网络和利用资源。访问控制的基本原理是检查用户标识、口令、根据授予的权限限制其对资源的利用范围和程度。例如是否有权利用主机 CPU 运行程序,是否有权对数据库进行查询和修改等。

访问控制服务通过访问控制机制实现。

（3）数据保密

数据保密服务的作用是防止数据被无权者阅读。数据保密既包括存储中的数据,也包括传输中的数据。保密可以对特定的文件、通信链路甚至文件中指定的字段进行。

数据保密服务可以通过加密机制和路由控制机制实现。

（4）业务流分析保护

业务流分析保护服务的作用是防止通过分析业务流来获取业务量特征、信息长度以及信息源和目的地等信息。

业务流分析保护服务可以通过加密机制、伪装业务流机制、路由控制机制实现。

（5）数据完整性保护

数据完整性保护服务的作用是保护存储和传输中的数据不被删除、更改、插入和重复。必要时该服务也可以包含一定的恢复功能。

数据完整性保护服务可以通过加密机制、数字签名机制以及数据完整性机制实现。

（6）签字

签字服务用发送"签字"的办法来对信息的发送或信息的接收进行确认,以证明和承认信息是由签字者发出或接收的。这个服务的作用在于避免通信双方对信息的来源发生争议。

签字服务通过数字签名机制及公证机制实现。

5.5.3 告警、日志和报告功能

网络管理系统提供的安全服务可以有效地降低安全风险,但它们并不能排除风险。因此与故障管理相同,安全管理也要提供告警、日志和报告功能。该功能要以大量的侵扰检测器为基础。在发现侵入者进入网络时触发告警过程,登录安全日志和向安全中心报告发生的事件。在告警报告和安全日志中,主要应包括以下信息。

（1）事件的种类。

（2）发生的时间。

（3）事件中通信双方的标识符。

（4）有关的资源标识符。

（5）检测器标识符。

5.5.4 网络管理系统的保护功能

网络管理系统是网络的中枢,大量的关键数据,如用户口令、计费数据、路由数据、系统恢复和重启规程等都存放在这里。因此网络管理系统是安全管理的重点对象,要采用高度可靠的安全措施对其进行保护。每个安全管理系统首先要提供对网络管理系统自身的保护功能。

5.6　计费功能的实现

目前,网络管理系统的发展主要在网元管理层或者子网管理层,而对于网络管理层或者更上层的业务管理层的研究比较欠缺。目前计费管理功能主流解决方案为 OSS、BSS 和 BOSS。

5.6.1　OSS 与 BSS

运营支撑系统(Operation Support System,OSS)是处于业务管理层的管理系统。OSS 已经成为电信运营管理不可缺少的组成部分,它用于实现对电信网络与业务的统一管理,从而对网络运营的质量提供保障。

可以从多个角度来对 OSS 进行描述。从服务对象来看,运营支撑系统借助于网络技术、软件工程等技术和项目管理、需求管理系统维护管理等管理方法,帮助电信运营商达到支撑运营和改善运营的目的。从管理范畴来看,运营支撑系统从纵向覆盖了电信运营商整个业务流程,包括资费设定、业务开通、数据收集、综合维护等,从横向看又覆盖了设备管理、业务管理、网络管理等各个层面。从设计和开发的角度来看,运营支撑系统包含了对企业后续发展和运营的支撑,对业务流程的梳理,对运营数据和遗留系统的整合等。

OSS 理论基础包括四个方面,TMN、TOM、eTOM 和 NGOSS。TMN 是 OSS 早期采用的理论体系。TMN 的起点比较高,它涵盖了电信管理的所有内容,但是它的研究重点在于网元层的标准对接,而对业务层的研究较少,且实现网元层的对接的阻力比较大,所以人们逐渐将注意力转移到了后来出现的 TOM 上。电信运营图(Telecom Operation Map,TOM)由电信管理论坛提出(TeleManagement Forum,TMF),在 TMN 的基础之上将整个电信管理过程进一步细化,从下往上看分为三个层面:网元管理层,包括网络设备维护、网络数据管理、网络规划与网络提供、网络资产管理等;服务发展和实施,包括服务规划与发展服务配置、计费与优惠、服务质量管理等;客户关怀,包括销售、订单处理、问题处理收费通知及收费等。TMF 又提出了增强型的 TOM(enhanced Telecom Operation Map,eTOM)。eTOM 中的 e 的含义为:enhanced、enterprise 和 e-business,eTOM 可以理解为功能增强的、面向企业级和电子商务的 TOM。eTOM 包括三大过程域,即运营过程域(Operation Processes Area)、SIP 过程域(Strategy Infrastructure & Product Processes Area)与企业管理过程域(Enterprise Management Processes Area)。eTOM 在产品管理、广义架构等方面较 TOM 有了增强。随后,TMF 在 eTOM 的基础上,结合其他方面的研究成果,提出了新一代运营系统与软件(Next Generation Operations Systems and Software,NGOSS)。NGOSS 为 OSS 提供了比较完整的理论体系。

OSS 和 BSS(Business support system,业务支撑系统)的界限变得越来越模糊,有的功能模块(如计费)可以放在 OSS 中也可放在 BSS 中,两者的融合已成必然。

5.6.2 BOSS

业务运营支撑系统(Business and Operation Support System,BOSS)是 BSS 与 OSS 的结合。可以将某些简单的 BOSS 看作在 OSS 上加上了计费账务功能。它一方面能够根据下层网络层或者网元层网络管理提供的网络管理信息,对网络中传输的业务进行分析,进行较复杂的面向业务的管理功能,另一方面它能从各个角度为企业提供能作为发展参考的运营数据。

BOSS 至少包含计费、营业、账务和客户服务功能。

(1)计费与结算

计费功能包括两方面内容:与计费相关的数据的采集与根据采集的数据进行定价。数据采集是指通过网络管理系统或者网元管理系统从通信网络设备中获取与定价等操作有关的原始数据,例如流量、使用时长等;定价则是根据采集的数据以及运营商本身的运营状况制定收费的政策。

(2)账务、营业

营业功能是指直接面向用户的一种功能,主要用于接收和处理用户在业务上的需求,而账务功能则类似于后台功能,它通过记录用户的费用情况,生成账单。由于各种个性化的业务的增多,对营业功能和账务功能的要求也变得越来越复杂。

(3)客户服务功能

客服系统一方面能保证为客户提供快速方便的服务,另一方面保证在未来新业务开放的情况下,系统能及时提供相应的功能保证。从更高的角度来看,客户服务系统要实现多元化、个性化、交互式、异地服务的要求。

第6章
网络管理系统及实例

随着通信网络的高速发展,通信网络在现代社会中扮演者越来越重要的角色。由于网络规模不断扩大,通信技术的不断更新,人们需求的网络业务服务也日渐增多,通信网络无法避免地面临综合性的挑战。在这样的背景下,通信网络管理显得尤为重要。只有更先进的网络管理系统,才能为通信网络提供更高效快捷的保障,使之能正常运行,并向用户提供高效可靠的网络服务。

通信网络管理的目的是对网络本身进行监视(Surveillance)和控制(Control)。监视就是通过信息采集、传输、存储、计算、显示等环节,对从通信网中获取的有关信息进行处理,以了解和掌握网络的运行情况。控制指的是通过由网络管理系统向通信网络发送指令的方法,改变网络的某些状态进而控制网络活动。

6.1 网络管理系统概述

本章节以烽火通信 OTNM2000 系统阐述网络管理系统的架构及应用。OTNM2000 是一款由烽火通信研制的传输网网络管理系统,能管理烽火通信所有传输层设备。它是烽火通信网络管理体系的重要组成部分,在 TMN 结构中处于网元级管理层(EML)。

6.2 OTNM2000 概况

OTNM2000 是一款由烽火通信开发和研制,可以在一个平台下对烽火通信的多种设备进行统一高效管理的软件产品。OTNM2000 在 TMN 中的位置如图 6-1 所示。

OTNM2000 由数据采集模块、数据处理模块、GUI 管理模块组成,其软件结构如图 6-2所示。

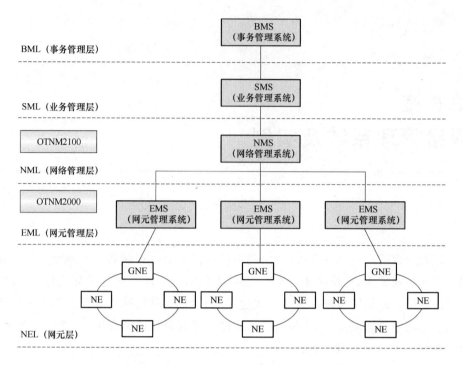

图 6-1　OTNM2000 在 TMN 中的位置

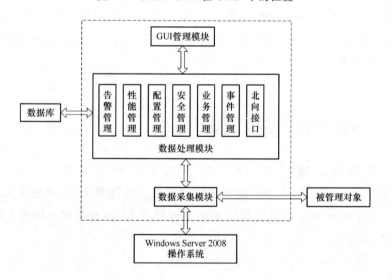

图 6-2　OTNM2000 软件结构

　　OTNM2000 通过数据采集模块,采集被管理对象的告警、性能等数据。获得的数据通过数据处理模块分析和处理后,被存储到数据库中。数据处理模块还为 GUI 管理模块提供告警管理、性能管理、配置管理、安全管理、业务管理、事件管理等功能。

　　GUI 管理模块是由配置管理模块(Devcfg)和界面管理模块(OTNM2000)组成。

　　(1) 配置管理模块:网络管理系统对设备和系统运行环境的配置程序。它用于进行设备配置(包括设备类型,网元类型,IP 地址等)、管理者配置(包括管理者 IP、协议类型等)、数据库设置、数据检查等一些相关操作。

（2）界面管理模块：OTNM2000 的主操作界面程序。OTNM2000 根据 Devcfg 配置的设备数据实现网络管理的管理功能。它的主要功能分为配置管理、告警管理、性能管理、安全管理、业务管理和事件管理等。OTNM2000 组网示例如图 6-3 所示。

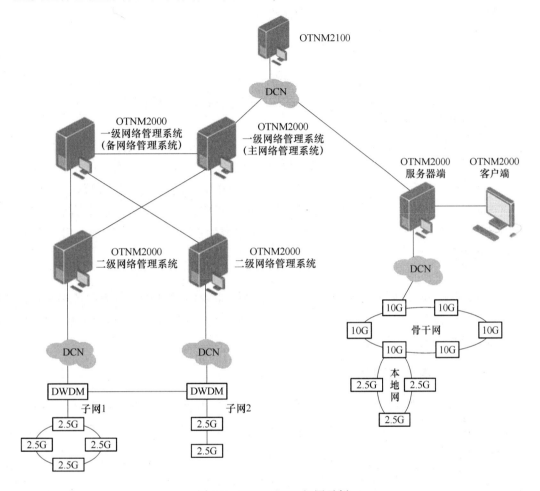

图 6-3　OTNM2000 组网示例

6.2.1　产品定位及特点

OTNM2000 作为业界广泛使用的一款传输网网络管理系统，它具有以下特点。

（1）强大的管理能力

OTNM2000 具有统一管理多种业务类型设备的能力。它能管理烽火通信的 OTN、WDM、PTN、IPRAN 等各种大中小型传输设备。可管理超大容量的复杂网络，能同时管理多达 50 000 个等效网元。

（2）可伸缩的网络管理架构

OTNM2000 采用可伸缩型的模块化设计，能适应复杂的网络管理。采用目前已成熟并应用广泛的 C/S（Client/Server）结构，最多可支持 128 个客户端同时接入，采用多进程、模块化、面向对象的架构设计。各管理组件耦合性小，支持从单域到多域管理能力的平滑在线扩展。

（3）高可靠性

OTNM2000 通过主备网络管理系统的组网模式，提供数据库同步、双机备份的保护机制。主备网络管理模式能有效抵御网络管理故障导致失去网络控制的风险，实现高可靠性的网络监控和管理，发生任何通信故障都不会影响设备业务的正常运行。

（4）开放性

OTNM2000 通过 OtnmAPI 接口向网络级管理系统（OTNM2100）提供各设备的告警及性能信息，OTNM2100 通过采集的网络信息可实现对全网的监控。

（5）安全性

OTNM2000 具备完善的安全管理功能。支持分权分域、在线用户管理、客户端锁定以及最大访问用户数设定等功能，保证注册用户正常安全的使用网络管理系统。OTNM2000 具有分权分域的功能。通过分权（操作组）管理功能，可以把网络管理权限分成不同的功能域；通过分域（资源组）管理功能，可以将设备单位划分不同的网络域。对于网络管理操作员，可以授予不同的功能域和网络域的权限组合，从而实现对用户管理权限的有效控制。

（6）人性化

OTNM2000 采用人性化的界面设计，提供逻辑视图、拓扑图、鸟瞰图等多角度视图，支持特定告警图标的设置，提供告警语音或动画提醒。用户还可根据个人爱好选择网络管理系统界面的显示风格。

6.2.2 组网与应用

OTNM2000 支持多种灵活的组网方式，可适应网络多样化的需求。下面介绍 OTNM2000 间的组网模式、OTNM2000 和 OTNM2100 组网模式以及 OTNM2000 与网元间的组网模式。

（1）OTNM2000 间组网模式

一二级网络管理系统组网如图 6-4 所示。

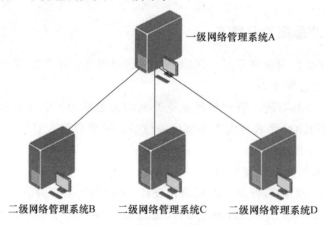

图 6-4　一二级网络管理系统组网

主备网络管理系统组网如图 6-5 所示。

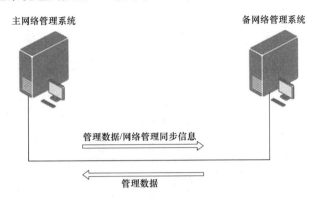

图 6-5　主备网络管理系统组网

多网络管理系统组网如图 6-6 所示。

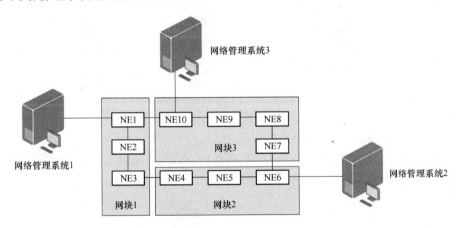

图 6-6　多网络管理系统组网

各组网方式的适用场合及特点对比如表 6-1 所示。

表 6-1　网络管理系统组网方式的使用场合

组网方式	适用场合	特点
一/二级网络管理系统	网络规模较大,采用一台网络管理系统很难集中管理整个网络	一级网络管理系统可管理整个网络;二级网络管理系统只能管理与其直接相连的子网 一级网络管理系统可调用二级网络管理系统的数据库,间接管理二级网络管理系统管理的子网
主备网络管理系统	增强网络管理系统的可靠性。避免只有一台网络管理系统管理时,若该网络管理系统失效,用户将无法监管设备的情况发生	备网络管理系统只能查看和监控网络,不能下配置 主备网络管理系统可进行角色互换,并能实时同步
多网络管理系统	一个网络具有多个管理者。每个管理者只需管理其中的部分网元,实现大网络的分散管理	网络通常被划分成许多网块。一台网络管理系统通常只监管一个或几个网块的设备 每一台网络管理系统都可查看其他网块的性能、告警、状态。但是只能对其监管的网块进行配置操作,否则会影响组网

OTNM2000 与 OTNM2100 组网模式

OTNM2000 是网元级网络管理系统，位于网元管理层。OTNM2100 是网络级网络管理系统，位于网络管理层。OTNM2100 与 OTNM2000 组网如图 6-7 所示。

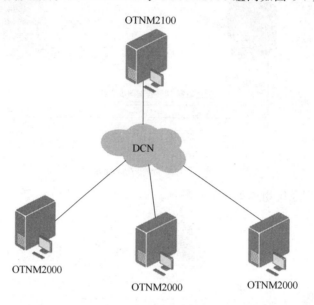

图 6-7　OTNM2000 与 OTNM2100 组网示意图

（2）OTNM2000 与网元组网模式

与网元间组网方式：当用户提供 IP 网络时，OTNM2000 可通过 IP 网络连接传输设备网络，如图 6-8所示。

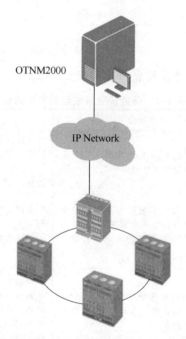

图 6-8　OTNM2000 与网元间组网示意图

多 GNE 组网方式：OTNM2000 还支持多网关网元（Gateway Network Element，GNE）管理。在网络庞大时，可设置多个 GNE 来提高网络管理的可靠性，避免某条网络管理线路断开而失去网络管理的情况发生。多 GNE 组网如图 6-9 所示。

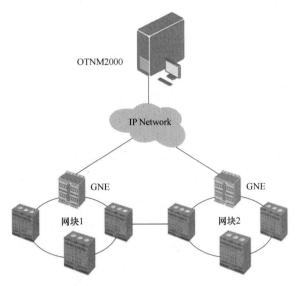

图 6-9　OTNM2000 与网元间组网示意图（多 GNE）

6.3　网络管理基本功能

6.3.1　安全管理

安全管理是防止非法登录网络、保证网络数据安全的重要功能。OTNM2000 安全管理界面如图 6-10 所示。

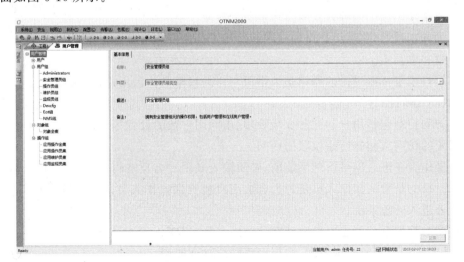

图 6-10　OTNM2000 安全管理界面

OTNM2000 安全管理包括以下内容。

（1）安全对象管理

规划网络管理用户时应结合维护工作的需要，将合适的权限授予对应的维护人员，并约束用户在正确的场合下使用管理维护功能。OTNM2000 安全管理的对象包括操作员、用户组、操作组和资源组。

操作员：OTNM2000 用户，用户名及其密码确定了相应的网络管理系统操作管理权限。OTNM2000 系统默认提供四个操作员。

用户组：具有相同管理权限的网络管理用户的集合。将需要统一授权的用户加入同一用户组中，通过给用户组分配权限，使组内所有用户都具有用户组的权限，实现用户权限的快速分配。OTNM2000 默认提供 OTNM_中级用户组、OTNM_高级用户组、OTNM_一般级管理用户组和 OTNM_受限级用户组。

操作组：OTNM2000 提供的操作权限的集合。当某用户或用户组与某操作组绑定时，此用户及用户组就拥有了该操作组中的所有操作权限。创建一个操作组，将某业务需要的操作权限加入此操作组，则可以统一将这些权限分配给相关用户或用户组，实现用户权限的快速分配。OTNM2000 默认提供 OTNM_中级命令组、OTNM_高级命令组、OTNM_一般级管理命令组、OTNM_受限级命令组。

资源组：OTNM2000 提供的可管理对象的集合。当某用户或用户组与某资源组绑定时，此用户或用户组就拥有了对该资源组中所有对象的管理权限。创建一个资源组，将可以统一管理的对象加入此资源组，则可以统一指定某用户或用户组来管理此资源组中的对象，降低操作员的管理成本。通常按地理区域、网络层次、设备类型等原则创建资源组。

（2）分权分域

OTNM2000 具有分权分域的功能。网络管理的分权分域功能是通过划分资源组和操作组进行的，通过分权（操作组）管理功能，可以把网络管理权限分成不同的功能域；通过分域（资源组）管理功能，可以将设备单位划分不同的网络域。对于网络管理操作员，可以授予不同的功能域和网络域的权限组合，从而实现对用户管理权限的有效控制。

通常使用以下两种方式为操作员分配权限。

加入用户组，享有用户组的权限。适用于分配操作员基本权限；给操作员绑定对应的操作组和资源组。

用户权限指派遵循的原则是被指派用户的权限是指派用户权限的子集。

（3）访问控制

访问控制包括用户的注册登录管理、访问用户数的设置等，目的是限制非法用户对网络资源的访问或超越所授权限的访问。

操作者在进入网络管理系统前，必须输入其用户名及密码进行登录，系统确认后方可进入。目的是验证操作人员是否为合法用户和辨别操作人员的权限等，确保只有授权的操作者进入管理系统。

网络管理系统可设置最大可登录的用户数，以限定同时访问网络管理系统的用户数量，提高在线用户的使用效率，避免网管资源过度使用。

网络管理系统可对在线用户进行实时管理，包括读取在线用户信息（用户名、IP、状态及登录时间)、修改用户属性、强行退出某用户等。

（4）数据安全

OTNM2000 系统的安全机制能有效地保证数据安全，保护数据的完整性和机密性，实现数据库的安全管理等。

数据的完整性：保证数据无失真或无丢失地进行传输，数据能到达并且只到达目的地。另一方面还保证能够完整备份某一时刻的数据，并在需要的时候用于系统数据恢复。

数据的机密性：防止未授权操作者得到通信的传输数据，保护传输数据不被泄露。

数据库的安全管理：为网络管理系统的安全性提供保证，数据库中的数据或文件能备份到外围存储设备。

6.3.2 拓扑管理

OTNM2000 提供多种拓扑管理视图，方便用户多维度、快捷地管理设备和网络。OTNM2000 拓扑视图如图 6-11 所示。

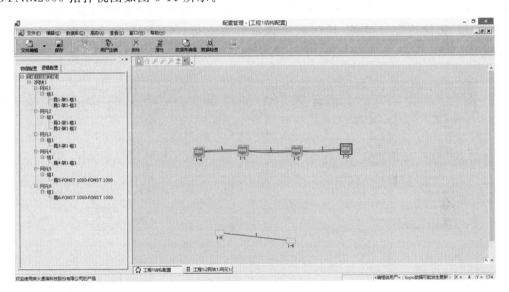

图 6-11 OTNM2000 拓扑视图

OTNM2000 拓扑管理包括以下内容。

（1）逻辑树

逻辑树将整个网络按网块和网元的树状结构显示。在逻辑树各节点的快捷菜单中可实现相应对象的属性设置、业务管理、性能查询、告警处理、网络检查/定位等操作。单击逻辑树图各节点，将弹出网块/网元的命令操作面板或网元的子框视图。

（2）操作树

操作树将网络管理系统设置及网元、单盘操作中某些常用功能（如：日志浏览、告警上报设置、软件下载、当前/历史告警浏览、屏蔽设置等）汇聚起来显示。用户在操作树中选择某操作，再选择对象执行，比逐一选择对象后查找操作更方便快捷。

（3）浏览树

用户在浏览树上勾选各子网,将在逻辑视图及鸟瞰图中显示该子网的相关信息。

在逻辑视图中,可对子网中的各网元进行网元配置、性能查询、告警处理等操作。在鸟瞰图中,可了解该子网在网络中的位置。

（4）逻辑视图

逻辑视图将各设备的网络连接关系以网络拓扑图的方式直观地显示出来。通过各网元的右键快捷菜单,可实现相应对象的告警/性能查询、告警处理、网络检查/定位等操作。

（5）鸟瞰图

鸟瞰图用于展示整个网络全局效果视图。当网络庞大,在逻辑视图中难以显示全部的网络详细状况时,从鸟瞰图可综观网络全貌。"鸟瞰图"窗格的红框区域即为逻辑视图选项卡的可视区,鼠标可拖动此区域来定位逻辑视图选项卡的显示区域。

6.3.3　故障管理

故障管理实时监测设备运行过程中产生的故障和异常,并提供告警的详细信息和分析手段,为快速定位故障、排除故障提供有力支持。OTNM 故障管理界面如图 6-12 所示。

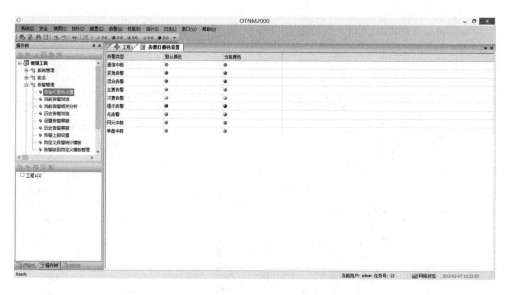

图 6-12　OTNM2000 故障管理界面

OTNM2000 故障管理包括以下内容。

（1）告警分类管理

根据告警产生的不同原因,告警分为如下五种类型。

设备告警:设备硬件相关的告警。服务质量告警:业务状态和网络服务质量相关的告警。通信告警:网元通信、光信号通信等相关的告警。环境告警:电源系统、机房环境等相关的告警。处理失败告警:软件处理和异常情况相关的告警。

根据告警的严重程度分为五种级别。每条告警的级别都可根据用户需要进行修改。

通信中断:包括网块、网元和单盘通信中断。紧急告警:导致业务中断并需要立即进行处理的告警。主要告警:影响业务并需要立即处理的告警。次要告警:不影响业务,但需要采取措施以阻止恶化的告警。提示告警:不影响现有业务,但有可能成为影响业务的告警,可根据需要选择是否处理。

按发生的时间,告警分为当前告警和历史告警。

当前告警:当前网络或设备中存在且未结束的告警。历史告警:网络或设备中已结束的告警。历史告警数据可在需要时按条件查询。

（2）告警相关性分析

OTNM2000的告警相关性分析功能可帮助用户在众多告警信息中,分析出各告警间的关联性,得出根源告警和次生告警。用户便能通过分析结果抓住告警引发的关键因素,从而快速处理一系列的相关告警。

（3）故障定位

网络发生故障时,准确判断故障源的位置是排除故障的前提。OTNM2000 提供精确的故障定位功能,可将故障点精确定位到网元、拓扑或某条业务通道。

（4）告警查询与统计

用户可通过 OTNM2000 查询网络中发生的当前告警及历史告警,并可对其进行统计。OTNM2000 可显示当前告警及历史告警的如下信息:告警级别、告警类型、告警源、定位信息、设备类型、电路代号、简称、全称、告警的开始时间及结束时间、网络管理系统接收开始时间及结束时间、告警确认时间、确认用户及确认附加信息。

OTNM2000 提供告警板及报表功能完成告警统计。用户可在告警查询界面选择将关心的告警信息输出为报表或者直接打印。

（5）告警确认

告警确认提供了一种区分告警的手段。网络管理者可以将已经有人跟进处理的告警进行确认,这样通过识别告警的确认状态,快速区分哪些告警是还没有人跟进处理的,以便及时处理这些告警。

（6）告警屏蔽

告警屏蔽功能可以对某些不重要的告警进行屏蔽,方便维护人员关注重要告警信息。OTNM2000 提供的告警屏蔽功能包括通过 OTNM2000 设置单盘告警屏蔽及设置 OTNM2000 告警屏蔽。

通过 OTNM2000 设置单盘告警屏蔽:设置单盘告警屏蔽后,被屏蔽的告警不上报给 OTNM2000,不显示在 OTNM2000 界面上。

设置 OTNM2000 告警屏蔽包括当前告警上报屏蔽和历史告警入库屏蔽。

（7）告警主动上报

OTNM2000 提供告警主动上报的功能,方便突出显示重点关注告警。设置了主动上报的告警信息在网络管理系统的特定窗口中自动显示,并可以将主动上报告警信息输出为报表文件。

（8）告警转储

为了释放数据库空间以保证网络管理系统稳定、高效地运行,OTNM2000 支持将历史告警数据转储至文件中,已经转储的告警数据将从数据库中删除。OTNM2000 支持按记录条数转储。

6.3.4　性能管理

性能管理对通信设备和网络的传输性能参数做出报告和评估,收集通信网络中有关设备实际运行质量的统计数据,用于监视网络、设备的状况和性能,为维护人员提供设备分析、风险预测和网络规划的依据。OTNM2000 性能管理界面如图 6-13 所示。

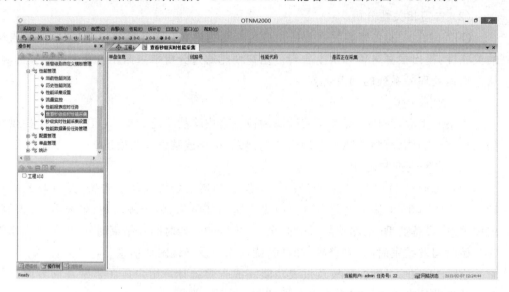

图 6-13　OTNM2000 性能管理界面

OTNM2000 性能管理包括以下内容。

（1）设置性能采集

OTNM2000 可对所选对象的性能设置采集条件,包括 15 分钟采集、24 小时采集、采集的起止时间等。选择某个对象后,OTNM2000 将按照设置的条件采集对象的性能数据,并直观地显示在网络管理系统界面上。

OTNM2000 还提供采集间隔在 10 秒内的实时性能采集功能,以满足用户对实时性能监控的需求。

（2）性能门限的管理

OTNM2000 系统支持在各单盘的“单盘配置”中设置单盘性能的门限值。网元监测到某性能值超过了指定的门限值时,上报相应的性能越限告警,为性能的实时监控提供保证。

（3）性能屏蔽

为方便管理,可设置屏蔽指定的某些性能,使用户聚焦重要性能事件。OTNM2000提供的性能屏蔽功能包括通过 OTNM2000 设置单盘性能屏蔽及设置历史性能屏蔽。

通过 OTNM2000 设置单盘性能屏蔽:设置单盘性能屏蔽后,被屏蔽的性能不上报给OTNM2000,不显示在 OTNM2000 界面上。

设置 OTNM2000 历史性能入库屏蔽：设置了历史性能屏蔽的性能代码，不入历史性能数据库。

（4）性能数据查询与统计

OTNM2000 可查看的性能数据包括当前性能和历史性能。可统计的性能数据包括当前性能、历史性能、带宽利用率、端口流量及光功率信息等。统计信息可输出成报表，以备后期分析。

当前性能：根据不同的监视周期分为 15 分钟性能和 24 小时性能。

历史性能：根据性能采集设置入库的、距离查询时刻最近 15 分钟或 24 小时以前的性能数据。

（5）PTN 流量监控

PTN 流量监控可以监控 PTN 设备的流量。监控对象包括端口、段、LSP、PW、L2VPN 和 L3VPN。可监控实时流量、15 分钟及 24 小时历史流量，在单盘支持的情况下，可监控秒级流量。

（6）性能转储

为了释放数据库空间以保证网络管理系统稳定、高效地运行，OTNM2000 支持将历史性能数据转储至文件中，包括 15 分钟历史性能及 24 小时历史性能。已经转储的性能数据将从数据库中删除。OTNM2000 支持按记录条数转储。

6.3.5　日志管理

日志是操作者的操作记录，记录用户的登录活动和关键操作。利用日志，可以提供事后对安全事件的追踪和审查。当系统安全被破坏时，能有据可查。OTNM2000 日志管理界面如图 6-14 所示。

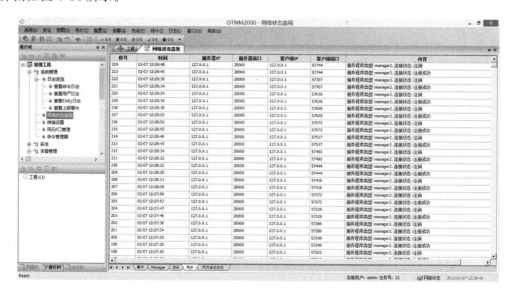

图 6-14　OTNM2000 日志管理界面

OTNM2000 日志管理包括以下内容。

（1）日志查看

网络管理系统日志信息可分为命令日志、用户日志、EMU命令日志。记录的日志可按查询条件进行查询。同时，网络管理系统还支持日志的打印、转储、输出成报表等功能。

（2）日志屏蔽

OTNM2000提供命令日志的屏蔽功能。默认情况下，OTNM2000会记录所有命令的日志。用户可以根据需要设置不需要记录日志的命令，执行被设置屏蔽的命令后，在日志中将不会有记录。

（3）日志转储

为了释放数据库空间以保证网络管理系统稳定、高效地运行，OTNM2000支持将命令日志转储至文件中。已经转储的命令日志将从数据库中删除。OTNM2000支持按记录条数转储。

6.3.6 报表管理

OTNM2000提供告警、性能、设备状态及业务方面的统计报表。用户在浏览数据的同时可以将统计结果存为文件。OTNM2000报表管理包括以下内容。

（1）告警和性能查询报表

告警和性能查询报表内容包括：当前告警报表、历史告警报表、告警与业务相关报表、当前性能报表、历史性能报表、历史性能统计分析报表。

（2）业务数据查询报表

业务数据查询报表内容包括：链路资源使用情况报表、链路上电路统计报表、网元支路端口使用情况报表、网元支路端口电路统计报表、网元之间电路统计报表、网元交叉能力报表、网元端口保护LSP统计报表、网元VPWS统计报表、网元VPLS统计报表、查询保护信息报表、PTN业务/标签统计报表、OTN站点容量统计报表、OTN波长资源查询报表、L2/L3桥节点业务查询报表、PTN网元IP地址查询报表。

（3）设备状态统计报表

设备状态统计报表内容包括：VOA状态统计报表、带宽利用率统计报表、15分钟流量统计报表、24小时流量统计报表。

6.4 PTN网络管理

6.4.1 PTN网元管理

PTN网元管理是指对每个网元的属性、业务、保护、时钟等方面的配置。

（1）网元基本配置

网元基本配置内容包括以下几部分。修改网元属性：网元名称、网元类型、网元IP地址等相关属性。同步网元时间：把服务器端的计算机系统时间下发到各网元，以同步网元时间。查询物理资源：包括设备报表、网元报表、单盘软件版本等。支持单盘自举功能：当设备上新插入其他单盘时,系统能自动检测新增单盘的所属网块、网元和单盘名称等信息,并上报到 OTNM2000,提示用户确认并将检测到的配置信息存库。

（2）业务配置

支持多种形态的以太网业务,提供完善的 L2VPN 解决方案。同时支持结构化仿真模式和非结构化仿真模式的 CES 业务。

（3）设备级保护配置

设备级保护配置包括:支持网元管理盘 1＋1 保护,支持交叉时钟盘 1＋1 保护,支持电源盘 1＋1 保护。

（4）网络级保护

网络级保护包括:支持 LSP 路径 1＋1、1∶1 保护,支持 PW 路径 1＋1、1∶1 保护,支持 SNCP 1＋1、1∶1 保护,支持 Wrapping 保护,支持以太网 LAG 保护,支持 MSP 1＋1、1∶1 保护,支持双归保护,支持 Steering 保护,支持 DL1＋1/1∶1 保护。

（5）时钟配置

支持物理层时钟同步和 IEEE 1588v2 时间同步功能。支持跟踪、保持和自由振荡三种时钟工作模式,可以处理和传递同步状态信息（Synchronization Status Message, SSM）。支持从 E1 接口/FE 接口/GE 同步以太网接口/CSTM-1 接口中提取时钟信息。支持采用 IEEE 1588v2 协议实现时钟同步和时间同步。支持边界时钟模式、普通时钟模式以及透传时钟模式（包括端到端透传时钟模式和点到点透传时钟模式）,每个端口可以根据需要配置成不同的模式、支持时钟源保护倒换。

（6）QoS 管理

支持层次化的端到端 QoS 管理,能够提供高质量的差异化传送服务。支持多层次的上下话流量带宽控制策略。支持区分服务体系结构（Differentiated Service,DiffServ）,在网络上完整实现了标准中定义的每跳行为（Per-Hop Behavior,PHB）,为用户提供具有不同服务质量等级的服务保证。进行数据转发时,支持对收到报文中的用户优先级和 VC 层优先级向 PHB 进行映射,以及对发出报文中的 PHB 向 VC/VP 层优先级进行映射。支持两种队列缓存的管理策略:队尾丢弃和加权随机早期检测（Weighted Random Early Detection,WRED）。支持两种队列调度策略:严格优先级（Strict Priority,SP）和加权公平队列（Weighted Fair Queuing,WFQ）,为高级别服务类型的业务提供 QoS 保证。

（7）OAM 管理

支持基于 GACh＋Y.1731 以太网 OAM、MPLS-TP 网络层 OAM 和 IEEE 802.3ah 接入链路 OAM,完成用户侧和 MPLS-TP 各层网络 OAM 管理功能,实现快速故障检测以触发保护倒换,在路由交换网络中提供电信级的服务质量。支持层次化 OAM 功能,提供了最多 8 个 MEG 层（0～7）,每层支持独立的 OAM 功能,来应对不同的网络部署策略。提供与故障管理相关的 OAM 功能,实现了网络故障的自动检测、查验、故障定位和通知的功能。在 MPLS 网络内部可实现 VC 层面端到端故障管理能力。提供与性能监视相关的 OAM 功能,实现了网络性能的在线测量和性能上报功能。在 MPLS 网络内部可实现 VC 层面的端到端性能测量能力。提供用于日常维护的 OAM 功能,包括环回、锁定等操作,为操作人员在日常网络检查中提供了更为方便的维护操作手段。

（8）BFD 管理

支持 BFD 管理功能。支持 BFD 应用包括：BFD for LSP(Label Switched Path,标签交换路径)、BFD for PW(Pseudo Wire,伪线)。

6.4.2 PTN 端到端管理

网络端到端管理也称为路径管理,与单个网元逐一配置的方式相比较,通过路径的方式来进行配置的速度更快、更方便。

（1）端到端 LSP 管理

支持创建端到端 LSP,为 PW 提供承载的通道;支持端到端 LSP 的 OAM 和 QoS 的设置;支持修改、删除和过滤查看端到端 LSP;支持查看 LSP 拓扑,包括工作路由,保护路由查看;支持查看 LSP 告警和性能;支持 LSP 的批量创建和复制功能;支持基于模板创建 LSP 功能。

（2）端到端 PW 管理

支持创建端到端 PW,为业务提供承载的通道;支持端到端 PW 的 OAM 和 QoS 的设置;支持修改、删除和过滤查看 PW;支持查看 PW 路由视图;支持查看 PW 告警和性能;支持 PW 的批量创建和复制功能;支持基于模板创建 PW 功能。

（3）端到端业务管理

支持创建端到端以太网业务及 TDM 仿真业务;支持修改、删除、过滤查看端到端业务;支持端到端业务的保护管理;支持查看端到端业务路由视图;支持查看端到端业务的告警与性能;支持端到端业务的批量创建和复制功能。

（4）PTN 智能割接管理

支持"扩容加点""扩容减点""链路调整"方式对 PTN 进行扩缩容;支持"人工"和"自动"两种割接模式触发割接的启动;支持"回滚"和"尽量割接"两种割接策略制定业务割接计划;支持割接组,割接计划的创建、修改和批量删除;支持在割接组中创建、删除原始业务和预制业务;支持割接计划和割接组的校验、割接和恢复;支持管理割接和扩缩容日志。

6.4.3 PTN 告警

介绍 OTNM2000 可监控的 PTN 告警,主要包括以下几类,具体告警列表可参见各产品的告警与性能参考。

（1）PTN 网络内 OAM 告警,如:相关层的告警指示信号、远端缺陷指示和客户侧信号失效等。

（2）ETH OAM 告警,如:以太网连续性丢失、以太网告警指示信号和以太网远端缺陷指示等。

（3）以太网业务类告警,如:信号丢失、校验错误数高于上限告警等。

（4）TDM 业务告警,如:信号丢失、帧丢失、信号劣化、误码率越限和告警指示信号等。

（5）硬件设备告警,如:盘不在位和本盘失效等。

（6）环境告警，如：电源故障和外部监视事件告警等。

6.4.4　PTN 性能

介绍 OTNM2000 可监控的 PTN 性能指标，主要包括以下几类，具体性能列表可参见各产品的告警与性能参考。

（1）PTN 网络性能，如：各层发送包总数、发送字节总数、接收包总数、丢包率、时延和时延变化等。

（2）以太网业务性能，如：接收的好包数、发送的好包数、校验错误数、丢包率、时延和时延变化等。

（3）TDM 业务性能，如：误码秒、严重误码秒、背景块误码、不可用秒等。

6.5　WDM/ OTN 网络管理

6.5.1　WDM/OTN 网元管理

WDM/OTN 网元管理是指对每个网元的属性、业务、保护、时钟等方面的配置管理。

（1）网元基本配置

修改网元属性：网元名称、网元类型、网元 IP 地址等相关属性。同步网元时间：把服务器端的计算机系统时间下发到各网元，以同步网元时间。查询物理资源：包括设备报表、网元报表、单盘软件版本等。支持单盘自举功能：当设备上新插入其他单盘时，系统能自动检测新增单盘的所属网块、网元和单盘名称等信息，并上报到 OTNM2000 系统，提示用户确认并将检测到的配置信息存库。

（2）业务类型

支持 SDH、以太网、SAN、OTN、视频等业务的接入。

（3）时钟配置

支持物理层时钟同步和 IEEE 1588v2 时间同步功能；支持跟踪、保持和自由振荡三种时钟工作模式，可以处理和传递 SSM；支持从 E1 接口/FE 接口/GE 同步以太网接口/CSTM-1 接口中提取时钟信息；支持采用 IEEE 1588v2 协议实现时钟同步和时间同步；支持边界时钟模式、普通时钟模式以及透传时钟模式（包括端到端透传时钟模式和点到点透传时钟模式），每个端口可以根据需要配置成不同的模式；支持时钟源保护倒换。

（4）设备级保护

支持交叉盘 1+1 保护；支持网元管理盘 1+1 保护；支持电源盘 1+1 保护；支持时钟盘 1+1 保护。

（5）OTN 电层网络级保护

支持 OCh 1+1 SNCP 保护；支持 OCh m∶n SNCP 保护；支持 OCh Ring 保护；支持 ODUk 1+1 SNCP 保护；支持 ODUk m∶n SNCP 保护；支持 ODUk Ring 保护。

（6）OTN 光层网络级保护

支持光通道 1+1 波长保护；支持光通道 1+1 路由保护；支持 1+1 光复用段保护；支

持光线路 1＋1、1：1 保护。

（7）光功率管理

光功率统计：支持查询单盘的输入功率、输出功率以及功率门限等。通道光功率自动调整功能：通过在发送和接收端引入 OPM（光谱分析）单元、在 OLA 站引入 DGE（动态增益均衡）单元、OPM 单元，使发送端、接收端以及 OLA 站点各级放大盘输出功率、信噪比和平坦度符合要求。线路光功率自动调整功能：利用对线路光功率的自动检测，通过放大盘的增益。控制和内置 EVOA 的配合，实现线路光功率自动调整，从而降低维护的难度和复杂性。

（8）色散补偿

配置的 DCM 外置单元对光纤传输中的色散进行补偿，压缩脉冲信号，使光信号得到恢复。各波道的 TDCM 模块提供自动色散补偿功能，进行色散精确调整。

6.5.2　WDM/OTN 端到端管理

支持配置光通道层电路、ODUk 层电路及客户层电路；支持过滤查看通道及业务；支持查看通道相关业务；支持创建、修改及删除光通道或 ODUk 通道保护；支持查看通道告警和性能；支持查看并输出 OTN 站点统计报表和 OTN 波长资源查询报表；支持配置/检测通道及业务开销。

6.5.3　WDM/OTN 告警

介绍 OTNM2000 可监控的 WDM/OTN 告警，主要包括以下几类，具体告警列表可参见各产品的告警与性能参考。

（1）SDH 业务类告警，如：再生段信号失效、劣化和误码过限等告警。

（2）光通道类告警，如：通道信号劣化和失效告警。

（3）OTN 开销类告警，如：SM/PM/TCMi 相关的 BIP8 误码过限、误码秒过限及 LCK、LTC、OCI 等告警。

（4）OSC 通道类告警，如：光监控通道信号的失效、劣化和误码秒过限等告警。

（5）数据业务类告警，如：丢包过限、收坏包过限和 GFP 帧信号劣化等告警。

（6）硬件设备告警，如：盘不在位和本盘失效等。

（7）环境告警，如：电源故障和外部监视事件告警等。

6.5.4　WDM/OTN 性能

介绍 OTNM2000 可监控的 WDM/OTN 性能指标，主要包括以下几类，具体性能列表可参见各产品的告警与性能参考。

（1）SDH 业务类性能，如：再生段相关的误码块、误码秒和严重误码秒。

（2）光通道类性能，如：FEC 纠错、不可纠错计数和线路误码率。

（3）开销类性能，如：SM/PM/TCMi 相关的 BIP8 误码、误码秒计数。

（4）数据业务类性能，如：收发包计数、收发字节计数和 GFP 帧 CRC 校验错包计数。

第7章
光网络日常维护

为保证光网络长期稳定地运行,需要对光网络进行必要的日常维护。日常维护主要是对现网上运行的设备进行定期检查并记录设备运行状态、定期检查并清洁风扇和防尘网等硬件设施以及定期对设备运行数据进行备份。光网络日常维护目的是了解设备当前运行状况、保证设备稳定运转并为日后升级等工作做好准备。本章介绍了日常维护应该注意问题、日常维护项目及周期,较为详尽地描述了光网络日常维护基本操作内容,最后对网络维护的一些实际案例进行了分析。

7.1 光网络日常维护应注意的问题

在进行光网络日常维护前,需了解光网络产品日常维护操作的注意事项,以确保维护过程中的人身和设备安全。

7.1.1 安全和警告标识识别

安全和警告标识如表 7-1 所示。

表 7-1 安全和警告标识说明

标识	含义	位置
E.S.D	静电防护标识。提示操作人员进行设备操作时应佩戴防静电腕带,避免人体携带的静电损坏设备	位于子框上
①	子框接地标识。提示操作人员子框接地柱的位置	位于子框上

标识	含义	位置
CLASS 1 LASER PRODUCT ②	激光器等级标识。提示操作人员该盘光接口对应的光源等级,操作人员应避免光源直接照射眼睛造成人身伤害	位于有光接口的机盘面板上
LASER RADIATION DO NOT VIEW DIRECTLY WITH OPTICAL INSTRUMENTS CLASS 1M LASER PRODUCT ③ LASER RADIATION DO NOT STARE INTO BEAM CLASS 2 LASER PRODUCT ④ LASER RADIATION AVOID DIRECT EYE EXPOSURE CLASS 3R LSER PRODUCT ⑤ LASER RADIATION AVOID EXPOSURE TO BEAM CLASS 3B LASER PRODUCT ⑥ LASER RADIATION AVOID EYE OR SKIN EXPOSURE TO DIRECT OR SCATTERED RADIATION CLASS 4 LASER PRODUCT ⑦	放大盘激光器等级标识。提示操作人员该盘光接口对应的光源等级,操作人员应避免光源直接照射眼睛造成人身伤害	位于放大机盘面板上
ATTENTION CLEAN PERIODICALLY	定期清洁防尘网警标识。提示操作人员定期清洁防尘网	位于防尘网面板上
Don't hot plug this unit	电源盘安全标识,提示操作人员不要带电插拔电源盘	位于电源盘面板上

标识	含义	位置
  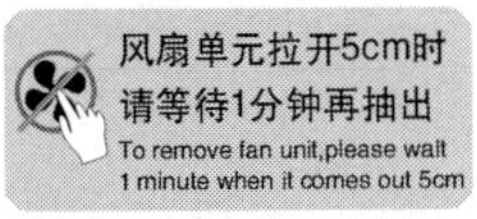 	子框风扇安全警告标识： ◆ 提示操作人员不要在风扇运转时触碰风扇叶片 ◆ 提示操作人员需要在风扇拉开 5 cm 后，等待 1 分钟再将风扇完全抽出	位于子框风扇单元面板上

注：① 该接地标识为蓝色线条的丝印，印在设备子框的左侧上架弯角上。

② CLASS 1 表示，通常情况下的激光器是安全的，没有辐射。

③ CLASS 1M 表示，通常条件下的激光器是安全的，但在光学器件或望远镜上观察光线内部是危险的。

④ CLASS2 表示，发射波长为 400 nm～700 nm 的可见光激光器；通过眨眼即可保护眼睛（眨眼频率小于 0.25 s），但不可长时间观察光纤内部。

⑤ CLASS 3R 表示，直视光线有危险。

⑥ CLASS 3B 表示，直视光线有危险，在特殊情况下会伤害皮肤。

⑦ CLASS 4 表示，直视光线有危险，会伤害皮肤；扩散反射也有危险，激光器可能导致失火或爆炸。

7.1.2　静电防护

人穿非导电（电导率小于 $1×10^{-6}$ 西/米的物体）鞋时，由于行走等活动会产生、积蓄电荷，并可达到 kV 级的电位（这类动作属危险动作）。此时操作人员在接触设备、机盘和 IC 芯片，可能会产生火花放电并受到电击，损坏机盘和子框上的静电敏感元器件甚至引起人生电击，因而必须采取消除静电的措施，常见的防静电措施包括佩戴防静电腕带（如图 7-1 所示）或穿防静电服等措施；在储存和运输机盘时，须将机盘放入防静电袋中。

需要注意的是，防静电腕带为随设备发放的附件。防静电腕带的正确佩戴方式：将一端佩戴在手腕上，并确保腕带上的金属扣和皮肤充分接触。另一端扣在子框或机柜的防静电接地扣上。

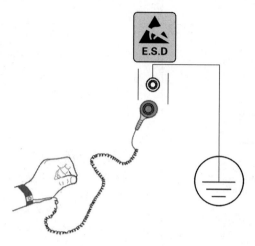

图 7-1　佩戴防静电腕带示意图

7.1.3　光纤、光接口安全操作

本节介绍光纤连接的操作注意事项，以及光纤、光接口的清洁。

光纤连接的操作注意事项包括以下几个方面。

（1）使用专用拔纤器

光网络产品的光接口分布密集，徒手插拔容易损坏光纤。进行光纤插拔时，应使用专用拔纤器进行操作，如图 7-2 所示。

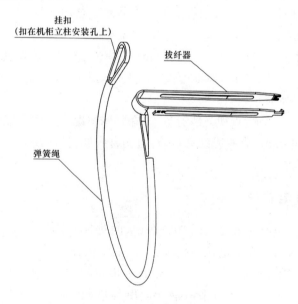

图 7-2　专用拔纤器示意图

专用拔纤器为随设备发放的附件，设备出厂时已通过弹簧绳固定在机柜上。使用时用拔纤器夹住光纤接头，可方便地进行光纤插拔。

（2）避免强光损毁光模块

维护人员不应将输出光功率未知的尾纤直接插入机盘光接口，可通过虚插或增加衰减器的方式避免强光损毁光模块。

（3）连接光纤

连接光纤前，应检查尾纤输出光功率，符合设备要求后方可连接。应检查光纤接头与光接口是否匹配。不匹配时，使用转接头进行连接。

（4）保护眼睛

避免尾纤出光直射眼睛。特别是光放大盘，其输出光功率较大且为不可见光，直视其光输出口或输出口所接尾纤端面会对眼睛造成伤害。

（5）避免光纤过度弯折

波分系统对光功率十分敏感，尾纤的过度弯曲、挤压都会对光功率产生影响。必须弯曲光纤时，曲率半径不得小于 38 mm。

（6）防护

未使用的设备光接口和尾纤光接头须盖上防尘帽，避免操作人员无意中直视光接口或光接头损伤眼睛，防止灰尘进入光接口或污染光接头。及时为拔出机盘的光接口盖上防尘帽，保持光接口的清洁。

光纤、光接口的清洁的注意事项：在清洁光纤接头或光纤连接器时，操作人员必须使用专用的清洁工具和材料。常用的清洁工具包括：专用清洁溶剂（优先选用异戊醇，其次为异丙醇）、无纺型镜头纸、专用压缩气体、棉签（医用棉或其他长纤维棉）、专用的卷轴式清洁带、光接头专用放大镜。

7.1.4 电气安全

本节介绍操作人员需要注意的电气安全事项，避免发生短路、故障接地等电气事故。

避免短路：设备发生短路时，瞬间电流过大造成设备内电气元件损坏，留下安全隐患。操作时应注意：避免金属屑和水等导电物体进入设备，造成短路；避免人为疏忽接错线造成短路；避免管理不善造成小动物进入设备内造成短路事故。

避免接地故障：确认机房内保护地排接线良好；确认设备接地线良好。

保证设备电源安全：拆除电源线前，确认电源处于断开状态；电源线不可裸露在外，裸露部分必须使用绝缘胶布包裹；在操作条件许可的情况下，先断开电源，再进行其他操作。

7.1.5 网络管理安全操作

网络管理系统安全操作注意事项如下。

① 网络管理计算机应避免阳光直射；远离电磁干扰、热源、潮湿和尘埃；与其他物品间保留大于 8 cm 的空隙，便于正常通风。

② 网络管理计算机需配置不间断电源，避免意外断电造成的网络管理数据丢失。

③ 计算机机壳、不间断电源和交换机（或集线器）应正确接地。

④ 关闭网络管理计算机时，必须先正常退出操作系统，再切断电源。

⑤ 网络管理系统正常工作时不应退出。退出网络管理系统对业务无影响，但会中断网络管理系统对设备的监控。

⑥ 网络管理计算机属专用设备，不可挪作他用；不可外接来历不明的存储设备，避免病毒的侵害。

⑦ 不可随意删除网络管理系统中的文件；不可向网络管理计算机拷入无关的文件。

⑧ 不要通过网络管理计算机访问互联网，如图 7-3 所示，否则会加大网卡上的数据流量，影响正常的网络管理数据传输或带来其他意外。

⑨ 避免在业务高峰期通过网络管理系统进行电路调配或系统扩容。

⑩ 不可随意修改网络管理计算机的协议设置、计算机名或局域网设置，如图 7-4 至图 7-7 所示，否则可能造成网络管理系统不能正常运行。

图 7-3　不可接入互联网

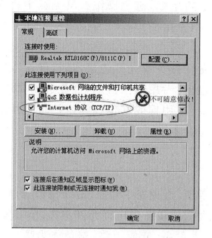

图 7-4　不可随意修改计算机协议设置

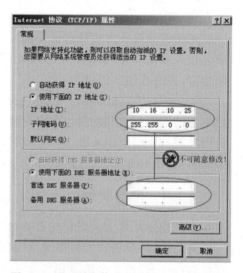

图 7-5　不可随意修改计算机协议属性设置

图 7-6　不可随意修改计算机名

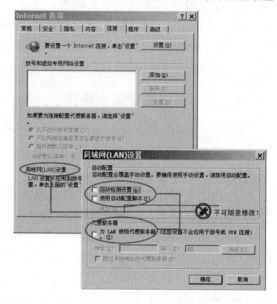

图 7-7　不可随意修改局域网设置

7.2　日常维护项目及维护周期

在不同的运行环境中,要确保系统可靠地运行,取决于有效的日常维护。及时发现问题并妥善地解决问题就是日常维护的目的。光网络日常维护项目和维护周期如表 7-2 所示。

表 7-2　例行维护项目和维护周期

维护测试项目	维护周期	维护测试项目	维护周期
检查网络管理系统工作状态	每日	查询网络管理系统工作日志	每日
测试 DCC 通道	每日	检查单盘状态	每日
查询当前告警	每日	查询历史告警	每日
查询当前性能	每日	查询历史性能	每日
维护测试项目	维护周期	维护测试项目	维护周期
查询光功率	每日	查询时钟同步状态	每日
检查时间同步状态	每日	检查保护倒换状态	每日
检查设备运行环境	每日	检查系统信噪比、平坦度、波长漂移	每周
备份 OTNM2000 配置数据	每周	检查网络管理系统版本	每月
转储历史告警	每月	转储历史性能	每月
检查网络管理用户的级别和权限	每月	在线升级单盘软件	每月
检查风扇单元运转状态	每月	检查机柜指示灯	每月
检查机盘指示灯	每月	检查机盘面板	每月
检查电源线及地线连接	每月	抽测未用业务通道24 小时误码	每月
检查智能风扇设置	每季	测试远程登录功能	每季
清洁防尘网	每季	清洁风扇单元	每季
开启性能采集功能	每年	清洁设备	每年
检测备件	每年		

7.3　网络业务的日常维护基本操作

日常巡检主要是对现网上运行的网元进行定向的检查,一边及时发现和解决可能存在的隐患,以保证网元的正常运行。对于重点台站建议每月进行一次巡检,对于非重点台站建议每季度进行一次。在日常维护过程中,定期的检查预警可以了解现网可能存在的隐患,以便及时地采取整改或规避措施,从而确保现网的稳定运行。

7.3.1 DCC 通道测试

DCC 通道是各网元之间的监控信息传递通道。测试 DCC 通道是为了确定网络管理系统是否可以对全网设备进行监控管理。进行该测试的前提条件是被测网元能够被 ping 通。

测试的基本操作步骤如下。

(1) 在 Windows 任务栏中单击"开始"按钮→选择"运行"。

(2) 在弹出的"运行"对话框中输入命令"cmd",单击"确定"按钮。

(3) 在弹出的"cmd"命令 DOS 窗口中,输入"telnet X.X.X.X"(X.X.X.X 为被测网元的 IP 地址),按<Enter>键,执行"telnet"命令。

(4) telnet 设备后,在 DOS 窗口中,输入"show ip os n",按<Enter>键,执行该命令。

(5) 查看返回结果中是否含有所有相邻网元(通过光纤直接相连的网元)的 IP 地址。

如果返回结果中能够查看到相邻网元的 IP 地址,则表明被测网元与该相邻网元间的 DCC 通道正常;否则它们之间的 DCC 通道故障,需要及时进行故障处理。

7.3.2 单盘状态检查

单盘状态检查的目的是掌握单盘的基本硬件信息(如盘号、光模块型号、激活状态等)以及专有的状态信息(如保护倒换状态等)。检查基本硬件信息可以快速掌握机盘盘号、光模块等信息,以便据此对应查找机盘的技术指标,并有利于备盘的选取。检查专有状态项可以查看该盘相关配置数据是否成功下载以及下载后的相关运行状态。需检查的单盘状态如表 7-3 所示。

表 7-3　单盘状态检查

单盘	状态项	明细
网元管理盘	基本状态	显示单盘的激活状态、主备通信状态、主备网元管理盘状态和物理开关 K1、K2 配置状态等
	EMU 状态	显示网元管理盘的累计上电时间、北京时间和软硬件版本号等
	NE 的网络状态	显示本网元在用的 IP 地址、子网掩码、网关、域 ID 和 IP 设置模式以及以太网优先级等
交叉盘	盘基本信息	显示单盘的盘号、软硬件版本号以及激活状态等
	网络管理配置修改时间	显示单盘的基本信息和网络管理配置修改的块名和时间
	业务交叉数据	显示单盘的交叉配置状态,通过此项可判断界面上的交叉数据是否成功下载至设备
	电交叉数据	
	各电层保护状态	显示各电层保护的保护状态,如保护相关的槽位、端口、时隙、是否有保护告警以及是否倒换等信息

续 表

单盘	状态项	明细
支路接口盘 线路接口盘 光转发盘	盘基本状态	显示单盘的盘号、板号、软件版本号和激活等
	网络管理配置修改时间	显示各单盘配置项的修改时间
	光接口信息	显示 Client 侧和 OCh 侧光接口的模块类型、应用代码、支持速率、传输距离、波长、接收机类型和调制方式等。通过这些项目,便于查找对应模块的技术指标,同时方便机盘更换时备盘的选取
	SDH 与数据业务状态	显示相应线路号的 SDH 业务(或数据业务)的具体信息,如 J0 实际接收值等
	FEC 编解码状态	显示相应端口的 FEC 编码类型和解码状态等
	OPU 信息	显示相应 OPU 线路号的 OPU 具体信息,如 PT 实际接收值
	TTI 信息	显示各线路号的 SM、PM 和 TCMi 开销具体的 TTI 值(包括 SAPI、DAPI、OP)等
	监测线路 STAT	显示各线路号的 SM、PM 和 TCMi 开销具体的 STAT 值
	业务类型与交叉状态	显示单盘配置的业务交叉状态,包括源端口、宿端口、逻辑时隙和子业务类型等
	APS 信息状态	显示相应端口的发送 APS 值和接收 APS 值
	GCC 使用状态	显示单盘基本信息和 GCC 通道的使用状态
	保护状态	显示 MST1P、2TR 盘和 6ADM2 盘的线路 1+1 保护状态
	OCP 状态	显示 MST2P 盘的线路 1+1 保护状态
HOA 盘 OA 盘 PA 盘	模块型号	通过该项目,方便进行输入、输出功率的计算,同时方便机盘更换时备盘的选取
	泵浦状态	显示该盘泵浦激光器状态。工程开通后该项状态应显示为"开"
	眼保护状态	显示该盘是否开启了眼保护功能
	VOA 跟踪状态	显示该盘 VOA 是否处于跟踪状态。工程开通后该项一般应显示"锁定"状态
	VOA 衰减状态	显示该盘 VOA 的衰减值
MSA 盘	盘基本状态	显示单盘的盘号、板号、软件版本号和激活等
	网络管理配置修改时间	显示单盘网络管理配置修改的块名和时间
	中间级接入放大盘状态	显示单盘的模块型号、序列号、泵浦数、眼保护状态和 EVOA 各项参数等
WSS 盘	盘基本状态	显示单盘的盘号、板号、软件版本号和激活状态等
	网络管理配置修改时间	显示单盘网络管理配置修改的块名和时间
	ROADM 单盘状态	显示 ROADM 单盘的波段、波长、端口状态和衰减值
	VOA 状态	显示单盘的 VOA 最大衰减值、VOA 控制状态和模块信息

单盘	状态项	明细
8EF 盘 2EF 盘	网络管理配置修改时间	显示各单盘网络管理配置项的修改时间
	光接口信息	显示 Client 侧和 OTN 侧光接口的模块类型、应用代码、传输距离、支持速率、波长窗口和接收机类型等。通过以上项目，便于查找对应模块的技术指标，同时方便机盘更换时备盘的选取
	业务类型与交叉状态	显示单盘配置的业务交叉状态，包括源端口、宿端口、逻辑时隙和子业务类型等
OCP 盘	盘基本状态	显示单盘的盘号、板号、软件版本号和激活状态等
	网络管理配置修改时间	显示单盘网络管理配置修改的块名和时间
	OCP 状态	显示 OCP 盘保护线路号、恢复类型、通道工作状态、工作模式和光开关控制状态
	通道保护对象	显示 OCP 盘通道保护的线路号、功能激活状态及保护通道的主、备波长、槽位和支路号等信息
	线路保护对象	显示 OCP 盘线路保护的线路号、功能激活状态及保护通道的波长、槽位和支路号等信息
OLP 盘	盘基本状态	显示单盘的盘号、板号、软件版本号和激活状态等
	网络管理配置修改时间	显示单盘网络管理配置修改的块名和时间
	OLP 状态	显示 OLP 盘的保护线路号、恢复类型、保护模式收/发方向、光开关工作状态、光开关控制状态和收发 K1/K2 字节
	VOA 工作状态	显示单盘的 VOA 工作状态
OMSP 盘	盘基本状态	显示单盘的盘号、板号、软件版本号和激活状态等
	网络管理配置修改时间	显示单盘网络管理配置修改的块名和事件
	OMSP 状态	显示 OMSP 盘的保护线路号、恢复类型、光开关工作状态和光开关控制状态

检查时若无法获取单盘状态，则需进行网络管理通信故障处理；若获取的单盘状态与单盘实际信息不一致，需检查单盘配置数据是否正确、单盘软件是否需要升级。若通过交叉盘获取的各电层保护状态出现了倒换异常，则需进行保护倒换故障处理。

7.3.3　控制平面告警查询

告警是设备故障或系统指标达到一定门限的告知和警示，对网络中产生的每一个告警都必须及时进行处理，减少故障发生，提高网络质量。定期浏览当前告警有助于故障的及时发现和清除。

下面以烽火通信 OTNM2000 系统为例，其控制平面当前告警检查的操作步骤如下。

① 双击网络管理计算机桌面上的网络管理系统图标 ，输入用户名及口令，进入"OTNM2000"窗口。

② 进入当前告警显示界面。

③ 查询工程、网块、网元当前告警：右键单击界面左侧"逻辑树"窗格中的工程、网块、网元，在快捷菜单中选择"当前告警"。

④ 查询单盘当前告警：单击界面左侧"逻辑树"窗格中的网元，弹出网元框视图，单击框视图中的对应单盘，在右侧"任务面板"窗格中单击"当前告警"。

⑤ 在例行维护记录表中记录检查结果。

⑥ 维护人员通过查询历史告警获取设备在过去一段时间所出现的异常数据，指导当前的维护工作。

下面以烽火通信 OTNM2000 系统为例，其控制平面历史告警检查的操作步骤如下。

① 双击网络管理计算机桌面上的网络管理系统图标 ，输入用户名及口令，进入"OTNM2000"窗口。

② 进入当前告警显示界面。

③ 查询工程、网块、网元当前告警：右键单击界面左侧"逻辑树"窗格中的工程、网块、网元，在快捷菜单中选择"当前告警"。

④ 查询单盘当前告警：单击界面左侧"逻辑树"窗格中的网元，弹出网元框视图，单击框视图中的对应单盘，在右侧"任务面板"窗格中单击"当前告警"。

⑤ 在例行维护记录表中记录检查结果。

⑥ 如果系统近期多次出现某紧急告警或重要告警，应做好记录，并分析系统可能存在的安全隐患，及时排除安全隐患，降低设备安全运行的风险。

7.3.4　性能查询

通过查询性能上报情况，判断设备是否稳定运行，及时排除隐患。通常需查询网元管理盘、支路盘、线路盘和光转发盘的误码性能。查询网元管理盘性能：及时发现设备的温度及供电电压是否异常；查询支路盘、线路盘和光转发盘的性能：获取系统的误码计数等。

下面以烽火通信 OTNM2000 系统为例，其当前性能的操作步骤如下。

① 双击网络管理计算机桌面上的图标 ，输入用户名及口令，进入"OTNM2000"窗口。

② 进入当前性能显示界面。

③ 查询网块、网元当前性能：右键单击界面左侧"逻辑树"窗格中的网块、网元，在快捷菜单中选择"当前性能"。

④ 查询单盘当前性能：单击界面左侧"逻辑树"窗格中的网元，弹出网元框视图，单击框视图中的对应单盘，在右侧"任务面板"窗格中单击"当前性能"。

⑤ 在例行维护记录表中记录检查结果。

下面以烽火通信 OTNM2000 系统为例，介绍设备的温度、电压、光功率等性能参数的参考标准，以及设备无误码、丢包和错包等，相关性能代码及其中文名称。机盘性能参数建议值如表 7-4 所示,机盘误码、丢包和错包统计性能代码如表 7-5 所示。

表 7-4　机盘性能

机盘类型	性能代码	性能中文名称	建议值
网元管理盘	TEMP	EMU 温度	10 ℃～50 ℃
	POWER	机架供电电压	−40 V～−57 V
	FAN_HTEMP	扇区最高温度	10 ℃～50 ℃
光接口盘	LASER_TEMP	激光器工作温度	0℃～40℃
	IOP	光接收功率	
	OOP	输出光功率	

表 7-5　机盘误码、丢包和错包统计性能代码

性能代码	性能中文名称
E1_HDB3_ERR HDB3	误码计数
BBE_HP	高阶通道背景块误码
BBE_LP	低阶通道块误码
BBE_MS	复用段背景块误码
BBE_RS	再生段背景块误码
CRC_ERR CRC	校验错
REI_HP	高阶通道远端误码指示
REI_LP	低阶通道远端误码指示
REI_MS	复用段远端误码指示
JABBERS Jabbers	包统计
FRAGMENT	碎片包数
STAT_OSZ	长包数统计
STAT_USZ	短包数统计
RX_DROP	接收丢包数

7.3.5　时钟同步与时间同步查询

通过网络管理系统查询设备时钟同步状态,判断时钟同步各参数是否异常,及时发现并消除隐患。如果系统时钟出现异常,应做好记录,检查设备当前时钟同步配置和相连设备时间同步配置,分析故障原因,降低设备运行的风险。

下面以烽火通信 OTNM2000 系统为例,检查时钟同步状态的操作步骤如下。

① 单击 OTNM2000 界面左侧"逻辑树"中需要查询时钟的网元,进入框视图界面。

② 进入盘状态界面。若为 FONST 5000 设备，右键单击 CAIF1/CAIF2 盘，在弹出的快捷菜单中选择"状态"；若为其他设备，右键单击框视图中的 EOSC 盘，在弹出的快捷菜单中选择"状态"。

③ 单击"时钟基本信息"选项卡，查看时钟基本信息状态，如时钟工作状态等信息。

④ 单击"时钟变长信息"选项卡，查看各线路时钟工作状态及线路输入/输出 QL 等信息。

⑤ 在日维护记录表中记录检查结果。

通过 OTNM2000 查询设备时间同步状态，判断时间同步各参数是否异常，及时发现并消除隐患。如果系统时间出现异常，应做好记录，检查设备当前时间同步配置和相连设备时间同步配置，分析故障原因，降低设备运行的风险。

下面以烽火通信 OTNM2000 为例，检查时钟同步状态的操作步骤如下。

① 单击 OTNM2000 界面左侧"逻辑树"中需要查询时间的网元，进入框视图界面。

② 右键单击框视图中的 EOSC 盘，在快捷菜单中选择"状态"，进入盘状态界面。

③ 单击"PTP 基本状态"选项卡，查看时间基本信息状态。

④ 单击"PTP 端口状态"选项卡，查看 PTP 端口工作状态及线路时延补偿。

⑤ 在日维护记录表中记录检查结果。

7.3.6　备份网络管理系统配置数据

例行备份网络管理系统数据，以免网络管理系统出现故障时，重要配置数据丢失。

下面以烽火通信 OTNM2000 系统为例，备份网络管理配置数据的操作步骤如下。

① 双击网络管理计算机桌面上的 ，打开"配置管理"窗口。

② 单击"文件"菜单中的"用户登录"菜单项，或单击工具栏中的"用户登录"按钮，在弹出的"用户登录"对话框中输入用户名和密码（默认值均为"1"），单击"登录"按钮完成登录操作。

③ 单击工具栏中的"读数据库"按钮，将数据库的配置信息读入"配置管理"窗口中。

④ 单击"文件"→"另存为"菜单项，在弹出的"保存为"对话框中输入保存的路径及文件名，单击"保存"按钮。

7.4　网络维护案例分析

7.4.1　光模块发光过低导致 PON 口连接不上网络管理系统

某局一台 AN5116-03 型 OLT，为使该 OLT 能上 ANM2000 图形网络管理系统，对 OLT 进行软件升级（使用 R1.32.01.31 软件版本），升级后 OLT 可连接网络管理系统。继续对 PON 口进行升级，PON1 口能正常升级并可连接上网络管理系统，但

PON2 口一直无法升级,命令行 SHOW 显示 PON2 不在位(not present),ANM2000 无法显示 PON2 口信息。设备组网如图 7-8 所示。

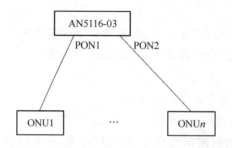

图 7-8 设备组网示例图

重启 OLT 数次,使用 EC2 软件升级 PON2 口,提示无法升级,SHOW 显示 PON2 口不在位(not present)。在 PON2 口连接 ONU,试图强制激活 PON2 口,仍旧无法升级。检查 PON2 口发光功率,在 PON2 口接光功率计,显示发光功率仅为-15,大大低于 PON 口正常发光功率(一般为 0 dB 左右)。于是,拆开 OLT 机壳,拔插 PON2 口光模块,并清洁。插上后,光功率计显示发光功率为 0 dB。再次对 PON2 口进行升级,可正常升级,ANM2000 正常 PON2 口状态。

分析:PON2 口由于光模块不清洁或接触不良导致发光功率过低,使 OLT 误认为该 PON2 口不在位,因而无法 SHOW 到该 PON 口的版本等状态信息,造成无法使用该 PON 口。在 EPON 设备开通维护中,遇到 PON 口无法操作时,需注意查看 PON 口发光功率,避免因 PON 口光模块不清洁或接触不良导致 PON 口无法使用。

7.4.2 OTN 工程开通线路光功率自动调整功能设置

某运营商一个四点 FOST 3000 环如图 7-9 所示。原来 A 点到 B 点间的光路由于用户原因在开通是一直中断的,但是此时各站点的业务均正常。后光路条件具备,在 A—B 点间光路恢复,此时经过这段光路的 A 站对 B 站的业务盘 LMS2E 上出现 RS-LOF 告警,OA 盘有输出光功率不足的告警。B 站也出现 FDI 告警,业务受损。

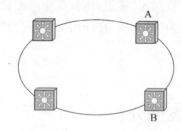

图 7-9 拓扑图

首先通过网络管理系统观察,A 站和 B 站的 OA 盘上的收光功率是正常的,但是输出光功率不正常。说明线路确实已经恢复了。由于故障是在线路恢复以后出现的,还是怀疑 OA 盘的设备有问题。

查看 OA 盘的设备均为设置输出光功率期望值为 7,模块型号为 481821。实际使用的波为三波。根据公式,放大盘输出功率 $P_{实际}=P_{饱和}-10\times\lg(N/n)$($N$ 为系统波道数,n 为实际占用波道数)。计算期望值是正常的。在控制命令光率减控制 EVOA 设置里面为锁定。

查看 OA 盘性能输入光功率 -11 dB,输出光功率 -2 dB 与期望值不符。将 OA 控制命令光率减控制 EVOA 设置为跟踪。下发配置后 OA 盘输出光功率 7.2 dB,OA 盘告警消失,各业务盘告警消失,业务恢复。

由于开通时 A—B 点间光路不通,开通人员在调试线路光功率时,当功率达到期望值后,将放大盘的 EVOA 模式设置为"锁定"模式。但是当线路光纤恢复后,线路条件改变,而放大盘的 EVOA 模式设置为"锁定"模式,无法进行 EVOA 调整,导致输出光功率异常,从而导致故障发生。

7.4.3　关于线路割接色散故障判断案例

某 OCH 跨段,单向 OTM 站点一级放大盘报秒级的收无光,随即消失,但随后单向大部分光转发盘(波道)报 OTN 侧的 OTN_LOF,少量波道报 FEC_C_SD,全波业务中断。

对单盘、系统环回测试时,通过对即时告警、性能分析发现如下情况。

(1) 对收告警的 OTU 进行 PORT 口远端环回,OTN_LOF 告警消失,判断收单盘功能正常,但不能排除光模块问题。

(2) 对收告警的 OTU 进行 OCH 口近端环回,远端机盘报 OTN_LOF,判断线路或信号发端机盘有故障。

(3) 对发端机盘进行 PORT 口远端环回,机盘告警性能都正常,判断信号源应正常。

(4) 检查各放大盘状态性能,性能显示与出问题之前的功率基本一致,工作状态正常。

(5) 用 OPM 对系统光谱进行扫描,分析其系统光谱基本正常,仅功率平坦度稍显不足,波长漂移、OSNR 均正常,光谱图形也没有异常。

(6) 对发端放大盘作输出功率提升操作(提高 3 dB),对比 OPM 的光谱扫描和单波功率有明显提升,但观察 OTU 告警性能没有任何改善。

由以上情况判断 OTU 机盘工作正常,由于是 10G 系统,OCH 传输线路不是很长,此现象应该是色散因素造成的故障现象,应该是用户白天对光缆线路进行了纤芯由 G.655 更换为 G.652 造成。

通过分析计算:原使用 G.655 光缆 190 km 左右,色散值 950 ps,采用 G.652 的 DCM 进行补偿 40 km,补偿值 800 ps,欠补 150 ps 左右,满足系统要求;如果 90 km 光缆更换为 G.652 纤芯,则色散值 2 300 ps,系统将欠补 1 500 ps,会严重影响各波道性能。处理方法如下。

(1) 将收端二级放大盘进行跟踪配置。

(2) 将原系统配置 G.652 的 DCM 40 km 更换为 100 km,即色散补偿 2 000 ps,系统欠补 300 ps;此时收端各 OTU 盘异常告警消失,并且其线路误码率最少提升了 3 个数量级;由此证明此处确实被人为更换过单向纤芯类型,导致功率没有异常变化,但其系统残余色散有明显变化并直接导致故障发生。

（3）通知用户我司的分析结论，用户随后彻查，站点反馈确实进行了相关操作，立即进行恢复其错误，系统正常。

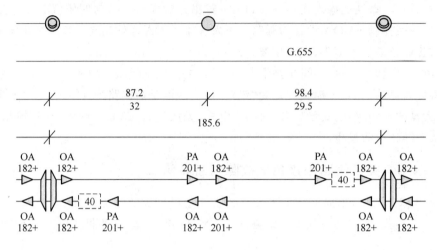

图 7-10　波道图

7.4.4　关于主备用交叉盘倒换测试问题技术案例

XX OTN 工程巡检过程中，进行交叉盘主备切换的倒换测试时，发现 2 端 FONST 4000 设备（设备 A 和设备 B）和 1 端 FONST 5000 设备（设备 C）在交叉盘切换至备用后，个别支线路盘的 PORT 口上报 OTN_LOF 告警，对应端口配置的业务中断，拓扑和信号流图如图 7-11 所示。

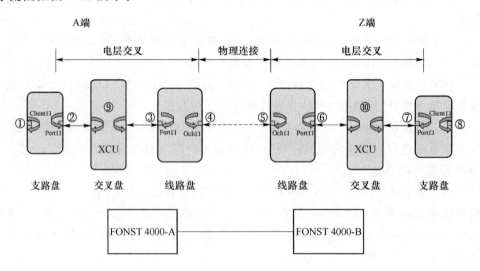

图 7-11　拓扑和信号流图

设备 A 交叉盘切换至备用后，1A 槽位 4LA2 盘 PORT 2 口上报 OTN_LOF，对应业务中断，其余槽位单盘无异常告警；设备 B 交叉盘切换至备用后，04 槽位 8TA 单盘

PORT 1 口上报 OTN_LOF,对应业务中断,其余槽位单盘无异常告警;设备 C 交叉盘切换至备用后,0E 槽位 LMS3E 单盘 PORT 1 口上报 OTN_LOF,对应业务中断,其余槽位单盘无异常告警。

根据上述问题现象进行分析,交叉盘切换至备用后并不是全部业务受到影响,所以不能直接判断为备用交叉盘故障,而因为上报告警的均为支路盘或线路盘 PORT 口(图 7-11 中②、③、⑥、⑦位置),基本可以定位故障点在支路盘、线路盘、交叉盘之间,能够排除是远端设备问题导致故障。

进一步细化故障点。

设备 A:11 槽位 4TA2 单盘,11 槽位背板,1A 槽位 4LA2 单盘,1A 槽位背板,18 槽位(备用)XCU2 单盘,18 槽位背板。

设备 B:04 槽位 8TA 单盘,04 槽位背板,配置业务交叉时 04 槽位 8TA 对应的线路单盘及线路盘槽位背板,18 槽位 XCU2 单盘,18 槽位背板。

设备 C:0E 槽位 LMS3E 单盘,0E 槽位背板,配置业务交叉时 0E 槽位对应的支路单盘及支路盘槽位背板,37、38 槽位 MXCU/SXCU 单盘及槽位背板。

进行主备交叉盘倒换测试发现问题时,第一时间进行以下处理。

检查主备用交叉盘单盘配置中交叉数据及单盘状态中显示的交叉数据,完全一致。

交叉盘切换至备用后,对设备下载配置,对应告警的单盘业务交叉删除重新配置,再次切换验证,现象与之前问题描述相同。

通过上述验证排除数据配置问题后,采用替换及观察的方法进行进一步定位及处理。

准备的 4TA2/4LA2/8TA/XCU2/LMS3E/TA3/MXCU/SXCU 备件到位后,向用户申请割接时间进行验证(因为问题是由切换交叉盘引起,因此处理时,先确认备用交叉盘问题,再验证支线路盘问题)。

设备 A 问题处理:现场检查备用交叉盘工作状态,确认正常后拔出备用槽位 XCU2,检查交叉盘内部芯片及备用槽位背板插针,未发现任何异常;更换备用交叉盘,正常上电工作后,切换交叉盘至备用,1A 槽位 4LA2 盘 PORT 2 口未再次出现 OTN_LOF 告警,对应业务未受影响,故障处理完成;故障原因为设备 A 备用交叉盘硬件故障。

设备 B 问题处理:现场检查备用交叉盘工作状态,确认正常后拔出备用槽位 XCU2,检查交叉盘内部芯片及备用槽位背板插针,XCU2 单盘无异常,备用槽位背板插针有两处明显弯曲倒针,更换 OTH 框后,切换交叉盘至备用后,04 槽位 8TA 盘 PORT 1 口未再次出现 OTN_LOF 告警,其余槽位无异常告警,无业务受影响,故障处理完成;故障原因为设备 B 备用交叉盘槽位背板插针倒针,需要更换 OTH 框。

设备 C 问题处理:现场检查备用主、从交叉盘工作状态,确认正常后拔出备用槽位 MXCU/SXCU,检查交叉盘内部芯片及备用槽位背板插针,未发现任何异常。

更换备用 MXCU/SXCU 后,切换交叉盘至备用,0E 槽位 LMS3E 盘 PORT 口仍然上报 OTN_LOF,问题未解决。

拔出 0E 槽位 LMS3E 盘,检查交叉盘内部芯片及备用槽位背板插针,未发现任何异常,更换 LMS3E 单盘后,再次切换交叉盘至备用,故障现象无变化,0E 槽位 LMS3E 盘

PORT 口上报 OTN_LOF。

将 0E 槽位 LMS3E 机盘移动至 0D 槽位，修改业务交叉后，再次切换交叉盘验证，故障现象无变化，0D 槽位 LMS3E 盘 PORT 口上报 OTN_LOF。

拔出 01 槽位 TA3（原 0E 槽位 LMS3E 对应的支路盘），检查交叉盘内部芯片及备用槽位背板插针，未发现任何异常，更换 TA3，再次切换交叉盘至备用，0E 槽位 LMS3E 盘 PORT 口未出现 OTN_LOF 告警，业务正常；故障处理完成，故障原因为设备 C01 槽位 TA3 单盘硬件故障。

总结：上述问题处理过程并不复杂，排除了数据配置的问题之后，使用替换法依次替换交叉盘、线路盘、支路盘，再次切换交叉盘验证处理结果，需要注意的是，当碰到此类切换交叉盘切换引发的问题时，不能武断地定位为交叉盘故障，还有由支线路盘或者对应槽位故障引发；另外可以思考一下，在没有备件的情况下，有没有其他方式，能将故障点直接定位到支路盘，线路盘或者交叉盘，然后再确认是机盘本身故障还是所在槽位故障，这样处理对现网安全及故障处理效率更加有利。

7.4.5 通过 DCN 进行网元监控的技术案例

PEOTN 设备采用 DCN 网进行网元监控，在首站网关网元连接上网络管理系统后，下游其他设备无法通过网关网元进行网元监控，网络管理系统和网关网元、下游设备之间的拓扑流图如图 7-12 所示。

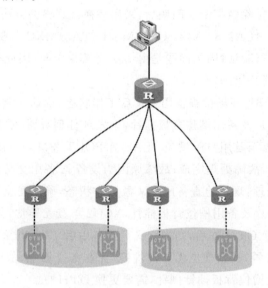

图 7-12 拓扑流图

FONST 5000 等传统 WDM/OTN 产品采用 UDP 进行网络管理监控，可提供 GNE 方式来进行网元管理。FONST 6000 U60 作为烽火通信面向下一代的支持分组的 PEOTN 系列产品，采用了 TCP 的网络管理协议架构来解决 UDP 的瓶颈以满足更大的网络管理配置条目及数据量的需求。

UDP 中，烽火通信的 GNE 技术仅需要服务器能 ping 通 MA 站点，MA 站点的网元管理盘通过 UDP 把下游站点数据汇总到 MA，网络管理服务器只用在 MA 上获取数据即可实现网络管理系统与所有网元的信息交互。

服务器和下游站点无法 ping 通，网络管理服务器只能采集到网关网元站点的数据，而无法采集到其他站点数据，而 TCP 需要网络管理系统能与每一个网元（包括网关网元）之间进行直接通信，由于 DCN 的引入，网关网元把服务器和下游站点进行了隔离。

如图 7-12 拓扑所示，在 CCU 尚未开发出原生实现 GRE 功能之前，在有 DCN 的 PEOTN 产品组网中需采用思科路由器来构建 GRE 隧道以实现服务器与设备之间的点对点通信。

第 8 章
光网络管理维护发展探索

随着光网络规模的扩大,维护人员工作量随之增多,大量的工作需要手工完成,工作量的增大必然导致工作效率的降低,不能很好地保证工作效率。综合来看,现在光网络的维护工作主要存在下面一些问题。

(1) 缺乏必要的 IT 系统支撑,大量的维护工作仍然需要手工完成。

(2) 缺乏对全网运行质量的全面分析手段,仍然是传统式的哪里有问题就奔向哪里救火式的管理。

(3) 高等级以及高速率业务安全保障缺乏有力措施,差异化服务无从落实。

依据目前的维护工作情况,迫切的需要简化维护操作,提高维护效率;并且需要相应的工具明确故障发生的根源,在故障发生之前能够进行预警,并可对全网进行网络健康状况分析,并提供周期性的报表供用户查看。

为了让简化维护人员的工作,让维护工作落到实处、有针对性的维护,烽火通信开发完成了 PTN 综合运维系统。

1. PTN 综合运维系统

烽火通信开发的 PTN 综合运维系统,主要包括 PTN 自动巡检模块、PTN 资源自动分析优化模块、PTN 故障智能辅助定位模块、PTN 智能电路割接和扩缩容模块和 PTN 流量分析模块。PTN 综合运维系统产品实现 PTN 主要运维工作的自动化和智能化,主要用于提升运营商 PTN 的运维效能。

2. 智能综合运维系统

智能运维系统的特点如下。

(1) 定制化:灵活定制,用户可以按照自己的需要灵活定制。

(2) 模板化:提供丰富的模板管理功能,避免重复繁琐地输入。

(3) 图形化:数据以直观图表方式呈现,更加直观。

(4) Web 化:接入简单,使用浏览器即可访问,不用安装额外软件。

(5) 模块化:各功能模块相对独立,可独立运行,也可以组建成综合运维系统。

8.1 PTN 自动巡检

8.1.1 背景介绍

当前的网络巡检遇到的主要问题如下。

（1）效率问题：手工逐网元、逐盘、逐端口检查，工作量巨大。涉及网元多，可能无法进行全面检查，有些潜在问题无法查出。

（2）质量问题：不能覆盖整个网络，检查不全。要求检查人员具备很强的专业知识和技能，评估难度大，评估质量常常取决于评估人员的知识和技能，质量得不到保障。

（3）人员问题：主要通过人工网络管理系统手工操作进行，许多检查为重复简单的大量劳动，极易疲劳，容易出错。

针对以上的网络巡检问题，提出的改进目标如下。

（1）检查批量化：易用高效，图形化界面，批量检查，自动输出检查报告。

（2）检查模型化：工具基于网络健康检查/巡检模型自动执行操作，对评估人员的技能要求很低。同时检查可覆盖全网，项目齐全，标准统一明确，检查质量有保障。

（3）检查自动化：检查人员只需进行巡检任务配置，检查评估操作自动进行，过程自动化，快速输出结果。

产品优点：自动巡检系统的主要目的实现网络关键巡检项目及巡检指标的自动检查（包括设备检查、业务数据检查、保护特性检查、时钟特性检查、软件系统检查等），实现网络日常巡检的批量化、自动化、模型化和定制化，输出标准化的网络巡检报表和巡检报告，给出处理建议。

8.1.2 产品概述

PTN 自动巡检系统是 PTN 综合运维系统的子系统，在网络中的定位如图 8-1 所示。

- 用户层：用户层需要从 PTN 综合运维系统获取数据。
- 业务层：PTN 综合运维系统将基础数据根据业务逻辑进行处理，同时从 EMS 系统 API 接口获取底层数据，以支持其特定的运维功能。
- EMS 系统接口层：提供 EMS 系统的数据。

PTN 自动巡检系统的软件结构如图 8-2 所示。

巡检任务管理：系统支持用户创建新的巡检任务，用户创建巡检任务需要制定如下巡检参数。

（1）巡检对象范围，可以是全部的网元，也可以指定部分的网元。

（2）巡检项目。

（3）巡检周期，支持不同粒度的周期，包括日、周、月、季度、半年、年。

（4）巡检执行时间，在巡检周期内，制定巡检任务开始时间或者时间范围。

巡检检查项目如下。

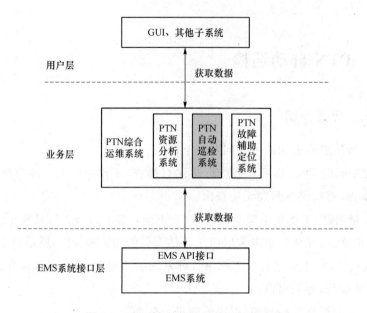

图 8-1　PTN 自动巡检系统的网络定位

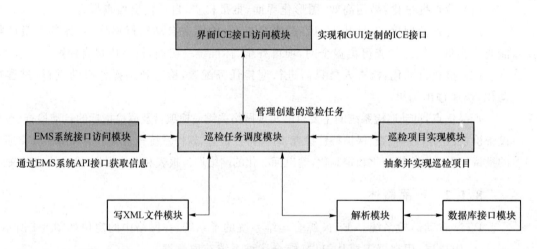

图 8-2　PTN 自动巡检系统软件结构

（1）网元状态检查：网元告警、性能检查；设备电源、温度检查；风扇检查；单板通信检查；设备与网络管理系统时间检查；GE 端口工作状态检查。

（2）网元配置检查：设备与网络管理系统关键配置数据一致性检查；主备主控单板配置数据一致性检查；主备单板保护配置检查。

（3）网络配置检查：时钟检查；软件版本检查等。

（4）业务配置检查：主备隧道同单板\同网元检查；隧道保护配置检查；隧道端口工作模式配置检查；隧道告警检查。

（5）DCN 状态检查：DCN 子网网元个数检查；网关网元通达状态；主备网关网元的倒换状态；IP 地址与规划地址匹配检查；IP 地址冲突检查。

（6）OAM 状态检查：CV 帧发送时间检查；OAM 帧状态检查。

（7）保护状态检查：单板级保护倒换检查；LAG 端口保护倒换检查；隧道保护倒换检

查;双归端口保护倒换检查。

(8) 光功率检查:工作光功率检查;光功率波动;光功率趋势。

PTN 自动巡检系统自动巡检功能清单如表 8-1 所示。

表 8-1　自动巡检功能清单

巡检任务管理	创建巡检任务
	查询巡检任务
	修改巡检任务
	删除巡检任务
	巡检任务的执行
	巡检结果管理
网元状态检查	网元告警检查
	网元性能检查
	设备风扇检查
	设备电源检查
	设备温度检查
	网元监控检查
	网元单板通信检查
	设备与网络管理系统时间检查
	GE 端口工作状态检查
网元配置检查	设备与网络管理系统关键配置数据一致性检查
	主备主控单板配置数据一致性检查
	主备单板保护配置检查
网络配置检查	时钟检查
	软件版本检查
业务配置检查	主备隧道同单板\同网元检查
	隧道保护配置检查
	隧道端口工作模式配置检查
	隧道告警检查
DCN 状态检查	DCN 子网网元个数检查
	网关网元通达状态
	主备网关网元的倒换状态
	IP 地址与规划地址匹配检查
	IP 地址冲突检查
OAM 状态检查	CV 帧发送时间检查
	OAM 帧状态检查

	单板级保护倒换检查
保护状态检查	LAG 端口保护倒换检查
	隧道保护倒换检查
	隧道保护倒换检查
	双归端口保护倒换检查
	工作光功率检查
光功率检查	光功率波动
	光功率趋势

8.1.3　效能提升

采用人工方式和巡检工具的效能对比,使用工具巡检 1000 端 STM-1 等效网元,总耗时从人工的 7 天下降到 1 小时内完成,效率提升相当显著,巡检效能对比如表 8-2 所示。

表 8-2　巡检效能对比

项目	巡检效率				巡检覆盖率	巡检质量	人员要求
	网络规模	巡检方式	总耗时(人/天)	单端设备耗时			
网络巡检	1000 端 STM-1 等效网元	人工	7 天	15 分钟	存在抽样和随机的可能性,全网元全项目难于保证	采用同一模板操作;不同的人员得出的结论可能不同	专业高等级人员
		工具	1 小时	1 分钟	网元可全覆盖、项目可全覆盖	模型化、模板化、标准化、灵活定制	普通维护工程师
工具效能提升			效能实现质的变化	提升 1500%			
备注	1000 STM－1＝153 端 660＝333 端 640＝1000 端 620						

8.2　PTN 资源分析

8.2.1　背景介绍

当前网络规模大,资源种类和数量多,如何能够直观、清晰地了解各类资源的数量及资源使用情况,并合理规划呢? 网络资源智能分析优化系统从以下几个方面实现了客户的需求。

（1）资源拓扑视图

在拓扑图上直接呈现资源的实际和配置流量数据,以图标和颜色直接呈现资源流量所处在门限等级,关联资源性能越限告警。

（2）拓扑图和表单方式呈现

详细呈现接入资源的流量以及资源使用情况信息。网络中空闲端口、二三层 VPN 业务的接入资源可与网络侧路径资源叠成呈现,实现对资源流量信息的监控和显示,实现对于资源使用信息的呈现。

（3）各类资源统计分析报表

各类资源统计分析报表包括接入资源配置和实际情况统计分析报表,路径资源配置和实际情况统计分析报表,物理资源配置和实际情况统计分析报表。可输出为文件或直接打印。

网络资源智能分析工具实现网络各类资源（物理和逻辑业务资源模型,包括网元、端口、链路、路径、伪线、VLAN、带宽、业务流量等）已使用和剩余情况的统计分析,通过拓扑、图表多种方式呈现输出,评估现有资源的配置合理性,及时预警,给出优化建议。

8.2.2 产品概述

PTN 资源分析系统的软件结构如图 8-3 所示。

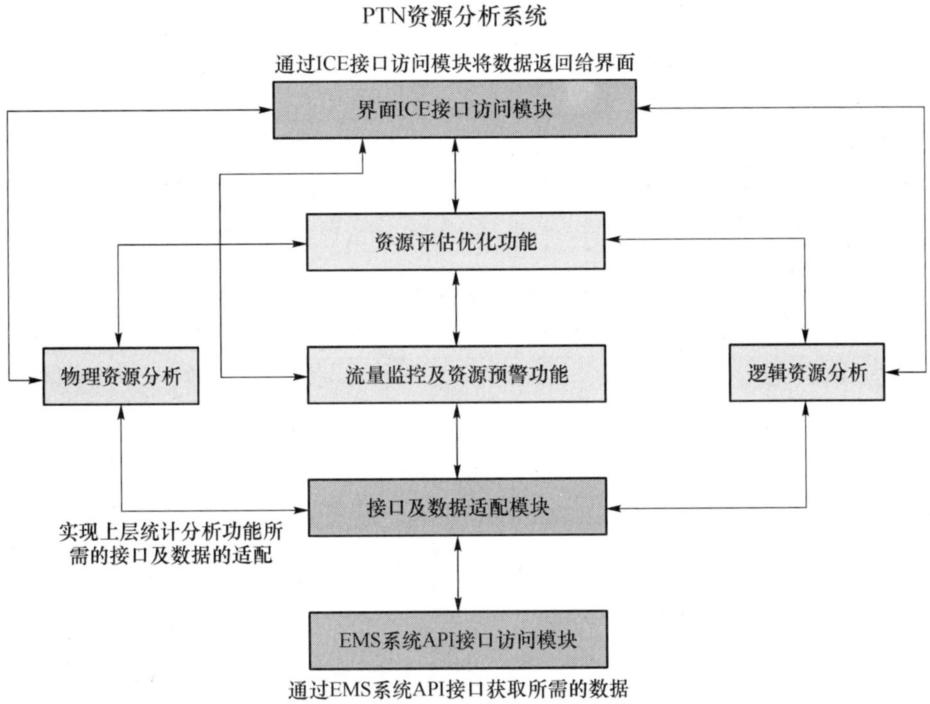

图 8-3　PTN 自动分析系统软件结构

资源智能分析含下面几方面的内容。

（1）物理资源分析:具体功能包括网元统计分析、单盘统计分析、端口统计分析、成环率评估、超大环和长支链评估等功能。

（2）逻辑资源分析：具体功能包括实际流量统计分析、配置流量统计分析、承载隧道/尾线统计分析、业务流量统计分析。

（3）分析优化结论：具体功能包括资源合理性分析、流量监控及资源预警、资源优化报告。网络资源智能分析功能清单如表 8-3 所示。

表 8-3 资源分析功能清单

物理资源分析	网元统计分析（按类型）
	网元统计分析（按速率）
	单盘统计分析
	端口统计分析
	环网统计分析
逻辑资源分析	实际流量统计分析
	配置流量统计分析
	承载隧道/伪线统计分析
	业务流量统计分析
流量监控及资源预警功能	
资源评估优化功能	
资源合理性分析	
资源优化报告	

8.2.3　效能提升

采用人工方式和智能分析工具的效能对比，使用工具分析 1000 端 STM-1 等效网元，总耗时从人工的 15 天下降到 30 分钟内完成，效率提升相当显著，资源分析效能对比如表 8-4 所示。

表 8-4 资源分析效能对比

项目	资源分析优化效率				分析优化质量	网络资源监控	人员要求
	网络规模	方式	总耗时	单端设备耗时			
资源分析优化	1000 端 STM-1 等效网元	人工	15 天	29 分钟	资源种类多，数量庞大，各因素需综合分析，结果严重依赖人员素质	网络全局把控力度不够强，全网资源众多，人工实时监控基本不可能	专业高等级人员
		工具	30 分钟＋2 天人工审核整理	1 分钟	标准统一自动分析综合分析报表输出	对网络实时进行全局把控和预警，图形化直观呈现	普通工程师
工具效能提升			效能提升 650%	效能实现质的变化			
备注	1000 STM—1＝153 端 660＝333 端 640＝1000 端 620						

8.3 PTN 故障定位

8.3.1 背景介绍

当前网络业务复杂,导致故障定位也很复杂,人工定位操作复杂,需要技术人员具备很高的技能,在此情况下需要有一种快捷准确定位故障的方法。用户不仅希望能定位出故障原因,并且希望知道故障解决的方法。PTN 故障定位工具能迅速快捷地定位故障并提供切实有效的解决建议。

(1)选定告警或业务对象,一键式自动诊断,自动完成告警及相关性分析、性能分析、配置数据检查、OAM 分析以及设备底层的自动诊断分析。

(2)提供切实有效的解决建议;准确定位故障,并根据诊断结果给出切实有效的解决建议。

人工故障诊断和工具故障诊断的主要区别如图 8-4 及图 8-5 所示。

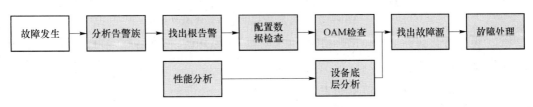

图 8-4　人工故障诊断

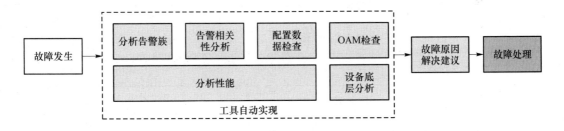

图 8-5　工具自动诊断

对各种典型场景下的故障进行诊断定位,包括业务配置故障、光缆故障、设备故障、时钟故障、DCN 故障、保护类故障等,实现一键式故障智能诊断及故障原因智能输出,并给出常见故障处理建议,提高运维人员现场维护效率及能力。

8.3.2 产品概述

PTN 故障辅助定位系统的软件结构如图 8-6 所示。

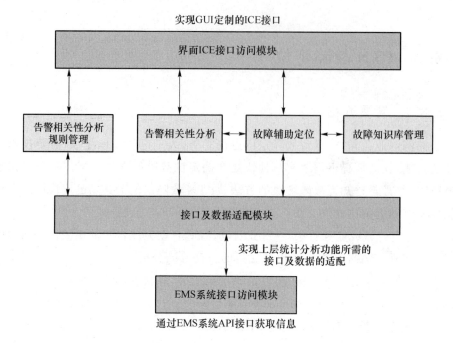

图 8-6 PTN 故障辅助定位系统软件结构

智能故障辅助定位的场景包括:业务故障、光缆故障、设备故障、时钟故障、DCN 故障及业务性能劣化。

智能故障定位功能清单如表 8-5 所示。

表 8-5 故障定位功能清单

告警相关性分析	告警根源性分析
	告警相关性原则
业务相关性分析	
故障辅助分析及定位	用户界面
	故障定位手段
	故障定位结果

8.3.3 效能提升

采用人工方式和故障辅助定位工具的效能对比,使用工具定位 1000 端 STM-1 等效网元,总耗时从人工的 10 分钟下降到 1 分钟+3 分钟人工辅助内完成,效率提升显著,故障定位效能对比如表 8-6 所示。

表 8-6　故障定位效能对比

项目	故障定位效率			可控性	准确性	人员要求
	故障类型	方式	单条故障定位耗时			
网络故障定位	常见故障类型	人工	10分钟	故障的排查处理和人员经验能力有关,不同的人员需要的时间不同,处理的结果也可能不同	故障解决准确性取决于人员自身的经验和能力	专业高等级人员
		软件工具	1分钟工具时间＋3分钟人工辅助	故障分析排查场景化、模型化,常见故障定位可预期	常见故障具备较高准确性;不能100%保证准确性	普通维护工程师
工具效能提升			效能提升150%			

8.4　PTN 智能割接

8.4.1　背景介绍

随着业务需求的迅猛增长和网络结构的快速发展,大量的网络调整需求出现。智能割接工具解决由于手工割接带来的效率问题、安全问题及成本问题。人工割接和智能工具割接的对比如图 8-7 及图 8-8 所示。

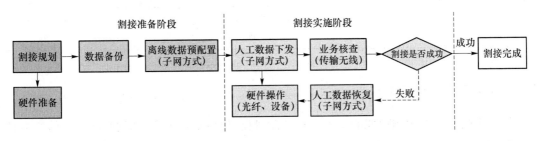

图 8-7　人工割接方式

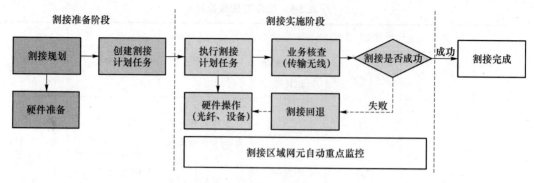

图 8-8　智能工具割接方式

8.4.2　产品概述

智能割接工具功能清单如表 8-7 所示。

表 8-7　智能割接功能清单

割接方案预制及管理	
割接方案实施自动化	
割接核查验证功能	
割接快速回滚功能	
向导式割接界面功能	
割接报告输出功能	
智能电路割接功能	源变宿不变
	宿变源不变
	源宿不变,交换节点变
	电路批量操作
网络扩缩容功能	扩容加点
	拆环加点
	拆链加点
	接入环速率升/降级
	扩容减点
	拆环减点
	拆链减点
	链路调整

8.4.3　效能提升

采用人工方式和智能割接工具的效能对比,使用工具扩容,总耗时从人工的 2 小时下降到 1 小时的计划准备＋10 分钟工具运行时间,使用工具割接 30 条业务,总耗时从人工的 3 小时下降到 1.5 小时计划准备＋10 分钟工具运行时间,效率提升 100％。采用人工方式和智能割接方式的效能对比如表 8-8 所示。

表 8-8　智能割接效能提升

项目	割接效率				可控性	风险控制	人员要求
	项目	方式	总耗时(网络管理系统操作)	单条业务耗时			
网络业务割接和扩缩容	扩容	人工	2 小时	———	人工操作,不确定因素对任务的成功影响较大	人工控制风险出现问题后手动恢复原始数据,耗时较长,容易出错	专业高等级人员
	扩容	工具	1 小时的计划准备+10 分钟工具运行时间	———			
	割接(30 条业务)	人工	3 小时	6 分钟	割接任务管理,软件向导式操作,高确定可控性	原业务数据自动保存,软件操作回退,及时有效恢复业务	普通维护工程师
	割接(30 条业务)	工具	1.5 小时的计划准备+10 分钟工具运行时间	3 分钟			
工具效能提升	效能实现质的变化,效能提升 100%						

8.5　PTN 流量分析

8.5.1　背景介绍

当前网络维护与管理现状如下。

(1) 网络带宽利用缺乏合理规划,造成资源浪费。

(2) 网络流量变化缺乏监控手段,影响网络健康状况。

(3) 网络容量过载发现不及时,造成网络拥塞。

(4) 网络流量缺乏实时监控,导致应急保证支撑能力不足。

(5) 新技术发展日新月异,网络质量评估要求维护人员具备很强的专业知识。

(6) 网络瓶颈不可视,网络质量劣化无感知,用户体验无法保证。

8.5.2　产品概述

PTN 流量分析工具功能清单如表 8-9 所示。

表 8-9　流量分析功能清单

产品名称	子模块	功能描述	优势	组网运行方式
PTN 流量分析系统	流量监测和配置数据的获取	通过 PTN 网络管理系统或网关网元定期获取 PTN 网络流量监测的基础数据，以及业务、端口、PW 和 LSP 等层面的相关配置信息和数据	全网角度对业务、PW 和 LSP 配置数据	单独工具独立运行，通过内部数据接口和新版本 OTNM2000 对接通信，需要新增服务器（部署 PTN 流量分析工具服务端）
	业务流量和网络流量的基础数据统计分析	从业务流量和网络流量两个维度，对流量监测获取的基础数据进行监测分析指标的计算和统计分析，得出 PTN 网络所承载的各类业务的流量大小及其变化趋势，以及 PTN 的线路端口、LSP、PW 等不同粒度管道的带宽使用率和增长趋势，并支持通过网络拓扑关联等功能来统计分析 PTN 不同层面、各个传输系统的带宽使用率和流量分布情况	通过网络拓扑关联等功能来统计分析 PTN 不同层面、各个系统的带宽使用率和流量分布情况	
	流量预警分析管理	支持 PTN 流量带宽的预警分析管理功能，针对业务端口、线路端口、不同网络层面的系统分别设置资源使用的预警门限（具体阈值可配置），并列出超过设定预警门限的相关端口和系统，支持关联分析（下钻和上钻）相关资源使用实体	实时监控全网流量数据	
	流量分析图表的呈现和输出	支持对不同种类的业务端口流量、不同客户的业务流量，不同网络层面的线路端口流量（核心、汇聚和接入层），不同传输系统的流量（环路、链路等）分别进行流量使用状态和分析指标的呈现和输出，支持自定义图形化或报表的具体呈现方式	自动生成相应的 PTN 资源使用状况报表，支持用户自定义报表	
	流量基础数据的统计分析	对流量监测的基础数据进行分析处理，统计得出 PTN 所承载的各类业务端口的流量大小及变化趋势，以及 PTN 线路端口、LSP、PW 等不同粒度管道的带宽使用率和增长趋势	为识别价值客户、重点推广市场提供数据支撑	
	软件系统的基本功能	支持用户登录和权限设置管理、系统安全性管理功能，具有安全可靠和易维护升级的软件操作系统，支持系统数据存储备份功能	提供多层次、多维度、多层级的系统安全及权限管理	
	PTN 网络流量地图分析呈现	支持以逻辑拓扑云图方式呈现 PTN 流量地图，包括 PTN 流量的区域视图和拓扑分层视图，即支持分为不同管理域子网显示网络流量使用状态，还支持按照 PTN 核心层、汇聚层和接入层分别显示网络流量状态	网络可视化运维管理和流量智能管控	

8.5.3 功能特点

（1）网络资源预警：全网链路、端口、业务流量监测，提供流量预警、告警显示；及时发现网络负载压力，掌握主动。

（2）负载平衡和优化：对网络中处于高负载水平的端口和系统进行统计分析，指导网络实现流量均衡优化，避免出现网络拥塞。

（3）重点区域流量分析：监测各类业务不同区域 UNI 端口流量现状和发展趋势，通过对各类业务端口流量进行长期监测和统计分析，识别热点区域，指导市场运营策略。

（4）流量主动营销：监控重点业务流量，分析业务流量构成、分布和变化趋势，识别重点客户，实施主动营销。

（5）故障辅助诊断：通过历史和实时流量监控数据，发现网络瓶颈点，辅助定位网络故障可能点。

缩略语

缩略语	英文全称	中文翻译
ACP	Association Control Protocol	联系控制协议
ACSE	Association Control Service Element	连接控制服务元素
API	Application Programming Interface	应用程序编程接口
ASON	Automatically Switched Optical Network	自动交换光网络
CLI	Command Line Interface	命令行界面
CMIP	Common Management Information Protocol	公用管理信息协议
CMIS	Common Management Information Service	通用管理信息服务
CMISE	Common Management Information Service Element	公共管理信息服务元素
CORBA	Common Object Request Broker Architecture	公共对象请求代理体系结构
DB	Database	数据库
DCN	Data Communication Network	数据通信网
DFB	Distributed Feedback Laser	分布反馈式单纵模激光器
EFD	Event Forwarding Discriminator	事件前转鉴别器
EML	Element Management Layer	网元管理层
EPL	Ethernet Private Line	以太网专线
EPLAN	Ethernet Private LAN	以太网专用局域网
EVPL	Ethernet Virtual Private Line	以太网虚拟专线
EVPLAN	Ethernet Virtual Private LAN	虚拟以太网专用局域网
EMS	Element Management System	网元管理系统
ICE	Internet Communications Engine	一种支持异构环境的通讯中间件
IDL	Interface Definition Language	接口定义语言
LSP	Label Switch Path	标签交换路径
MAC	Message Authentication Code	消息认证码
MD5	Message Digest Algorithm 5	消息摘要算法第 5 版
MIB	Management Information Base	管理信息库
MPLS	Multi—Protocol Label Switch	多协议标签交换
MQW	Multiple Quantum Well	多量子阱激光器
MSTP	Multi—Service Transfer Platform	多业务传送平台

缩略语	英文全称	中文翻译
NE	Net Element	网元
NGN	Next Generation Network	下一代网络
NML	Network Management Layer	网络管理层
NMS	Network Management System	网络管理系统
OAM	Operations，Administration and Maintenance	操作、管理、维护
OS	Operating System	操作系统
PTN	Packet Transport Network	分组传送网
RCC	Routing Control Center	路由控制中心
ROP	Remote Operation Protocol	远程操作协议
ROSE	Remote Operation Service Element	远程操作服务元素
RPC	Remote Procedure Call	远程过程调用
SDH	Synchronous Digital Hierarchy	光同步数字体系
SOAP	Simple Object Access Protocol	简单对象访问协议
SMAE	System Management Application Entity	系统管理应用实体
SMI	Structure of Management Information	管理信息结构
STM	Synchronous Transmission Module	同步传输模块
TMN	Telecom Management Network	电信管理网
VLAN	Virtual LAN	虚拟局域网
VPLS	Virtual Private Lan Service	虚拟专用局域网业务
VPN	Virtual Private Network	虚拟专用网
VRRP	Virtual Router Redundancy Protocol	虚拟路由冗余协议
XML	eXtensible Markup Language	可扩展标记语言

参 考 文 献

[1] 郭军.网络管理.3 版.北京:北京邮电大学出版社,2008.

[2] 韩卫占.现代通信网络管理技术与实践.北京:人民邮电出版社,2011.

[3] 王雄英,韩卫占,等.通信网管理技术.北京:国防工业出版社,2003.

[4] 杨家海,等.网络管理原理与实现技术.北京:清华大学出版社,2000.

[5] 胡谷雨.现代通信网与计算机网管理.北京:电子工业出版社,1996.

[6] 方宁生,沈卓伟.基于 CORBA 的网管管理.计算机工程与应用,2002(9):142-144.

[7] 曹晓阳.面向中间件技术在企业环境中的应用研究-CORBA 技术应用研究.成都:
      电子科技大学,2003.

[8] 蔡丽,张大方,谢高岗,等.基于 SNMP 网络管理系统的设计与实现.计算机应用,
      2003,3(3):55-57.

[9] 程哲,石坚,宋开卫.基于以太网的无源光网络(EPON)的网络管理系统.计算机与
      数字工程,2007,(7):59-62.

[10] 崔中杰,胡昌振,唐成华.网络安全设备故障管理中智能轮询策略的研究.计算机工
       程,2007,33(11):126-128.

[11] 韩卫占.现代通信网络技术丛书.北京:人民邮电出版社,2011.

[12] 胡庆.光纤通信系统与网络.北京:电子工业出版社,2014.

[13] 孙桂芝,孙秀英.光传输网络组建与运行维护.北京:机械工业出版社,2012.

[14] 张宝富.全光网络.北京:人民邮电出版社,2002.

[15] 何一心,王韵,林燕.光传输网络技术——SDH 与 DWDM.2 版.北京:人民邮电出
       版社,2013.

[16] 陈竞阳.端到端网管系统关键技术研究.电子测试,2014.

[17] 李晨.基于 CLI 的 IP RAN 网络管理系统框架的研究和实现.光通信研究,2014
       (2):5-8.

[18] 杨晶晶.光传输网络故障智能定位系统的设计与实现.现代电子技术,2014,7
       (7):527.

[19] 郭军.网络管理.北京:北京邮电大学出版社,2014.

[20] 韩卫占.现代通信网络管理技术与实践.北京:人民邮电出版社,2011.

[21] 韦乐平.智能光网络的发展与演进结构.光通信技术,2002(3):4-7.

[22] 彭利标.光纤通信技术.徐公权,段鲲,廖光裕等,译.北京:机械工业出版社,2002.

[23] 张宝富,等.全光网络.北京:人民邮电出版社,2002.

[24] 马声全.高速光纤通信 ITUT-T 规范与系统设计.北京:北京邮电大学出版
       社,2002.

[25] 徐荣,龚倩译.多波长光网络.北京:人民邮电出版社,2001.

[26] 杨淑雯.全光光纤通信网.北京:科学出版社,2004.

[27] 周卫东,罗国民,朱勇,等.现代传输与交换技术.北京:国防工业出版社,2003.

[28] 胡先志,张世海,陆玉喜,等.光纤通信系统工程应用.武汉:武汉理工大学出版社,2003.

[29] 朱清,戴锦友.基于 TR069 的家庭网关设备管理的研究与实现.光通信研究,2013(7):205-207.

[30] 汪芸.CORBA 技术综述.计算机科学,1999(06):1-6.

[31] OMG. Interworking between CORBA and TMN system. OMG,1998:35-40.

[32] ITU-T. M3000:TMN management functions. ITU-T,2000.

[33] ITU-T. M3010:TMN management functions. ITU-T,2000.

[34] 顾军辉.传输网网管系统的设计及其接口实现.西安:西安电子科技大学,2007.

[35] 刘松,网络管理技术的应用.信息与电脑,2012,(03):32-34.

[36] 刘建.电信管理网 TMN 综述.计算机与数字工程,2005,(01):63-67.

[37] 杨军红.OSI 网络管理模型在 TMN 中的实现.网络管理,1999,(Z1):1-2.

[38] ITU-T. M3400:TMN management functions. ITU-T,2000.

[39] 孙延涛,杨芳南,王迎春.端到端的通信网综合网络管理系统.北京交通大学学报,2010,34(2):90-94.

[40] 烽火通信科技股份有限公司,e-Fim OTNM2000 子网级网管系统子网交叉操作手册.武汉:烽火科技,2010.

[41] 烽火通信科技股份有限公司,多业务管理平台详细设计说明书.武汉:烽火科技,2011.

[42] 烽火通信科技股份有限公司,多业务管理平台客户端接口详细设计说明书.武汉:烽火科技,2012.

[43] 李明江.SNMP 简单网络管理协议.北京:电子工业出版社.2007.

[44] 田野.基于 SNMP 的 IP 网管系统的研究.成都:西华大学,2007.

[45] SNMP 简单网络管理协议.[2012-04-07].http://www.docin.com.

[46] Douglas Mauro,Kevin Schmidt. Essential SNMP. 2nd ed. NewYork:O'Reilly,2005.

[47] RFC 1905. Protocol Operations for Version 2 of the Simple Network Management Protocol(SNMPv2). 1996.

[48] RFC 1906. Transport Mappings for Version 2 of the Simple Network Management Protocol(SNMPv2). 1996.

[49] RFC 2570. Introduction to Version 3 of the Internet-standard Network Management Framework. 1999.

[50] W3C. Extensible markup language(XML).